与宠物一起生活的家居设计

[日] 广濑庆二　著

葛雨松　译

中国建筑工业出版社

著作权合同登记号图字：01-2017-6043号

图书在版编目（CIP）数据

与宠物一起生活的家居设计/（日）广濑庆二著；葛
雨松译. — 北京：中国建筑工业出版社，2017.11
ISBN 978-7-112-21293-4

Ⅰ.①与… Ⅱ.①广…②葛… Ⅲ.①住宅一室内
装饰设计 Ⅳ.① TU241

中国版本图书馆CIP数据核字（2017）第243184号

PET TO KURASU SUMAINO DESIGN
Copyright © Keiji Hirose, 2013
Chinese translation rights in simplified characters arranged with Maruzen
Publishing Co. Ltd., through Japan UNI Agency, Inc., Tokyo
本书由日本丸善出版株式会社授权我社独家翻译、出版、发行。

责任编辑：刘文昕 率 琦
责任校对：李美娜 王宇枢

与宠物一起生活的家居设计

[日] 广濑庆二 著

葛雨松 译

    *

中国建筑工业出版社出版、发行（北京海淀三里河路9号）

各地新华书店、建筑书店经销

北京京点图文设计有限公司制版

北京中科印刷有限公司印刷

    *

开本：787×1092毫米 1/16 印张：7¾ 字数：143千字

2018年1月第一版 2018年1月第一次印刷

定价：49.00 元

ISBN 978-7-112-21293-4

（27473）

序 言

给"想要"、"想做"、"想了解"和宠物共同生活的家庭

对于那些正在寻找"如何与宠物舒适自在生活的家居设计书"的人,本书一定是不二之选。为了实现理想地与宠物共同生活的家居设计,本书将结合大量照片,进行详细介绍。

对于从事住宅设计或施工的人来说,本书亦可作为理解顾客与宠物关系的参考书。书中有丰富的细部构造图,把其作为技术类的书籍也定会大有帮助。

对于兽医、训狗人、亦或是宠物专家来说,本书定会成为理清饲主与宠物的日常行为的"资料集"。另一方面,本书主要着眼于阐释建筑设计之法,其中不乏很多文章是为了正在学习训狗、动物行为学的人作为"训练的教科书"来读而创作的。当然,通过阅读本书亦可使没有和宠物共同生活的人,在满足求知好奇心的同时,学习到一些科学、文化、设计与风俗方面的知识。

本书由四个章节构成,从任何一章的任意一条目开始阅读均可。因此读者可以自由选择更感兴趣的部分开始阅读。至此,各章概要如下。

第 1 章 如画般的宠物共居空间

对于正在考虑建造想要优雅地与爱猫爱狗共同生活之家的人士,作者推荐从这一章开始读起。本章囊括了众多关于猫狗与室内设计的照片,定会有您心目中与猫狗生活的理想场景。

前半部分根据狗的习性,提出了一些能使与狗狗们的生活变得丰富多彩的空间设计方案。本部分主要出自于考虑同爱犬优雅地生活空间的创造,而非调教和训练狗。

后半部分面向关于猫的完全室内饲养及多只饲养,正在寻求相对较好饲养环境的饲主。本部分根据满足猫的环境富足感,提出了一些关于家居设计的诀窍。

在本章还有在美国、加拿大、巴西、英国、法国和中国的报纸杂志上好评如潮的"猫之家 The Cats' House"系列最新版的彩色照片介绍。

第 2 章 与宠物共居的生活实态

本章中,通过访问养猫养狗家庭,把收集到的狗窝的位置,宠物用厕所的位置以及喂食盘放置处的确切的调查结果的一部分予以介绍。这些调查重视对象住宅的房间布局、家

具配置、空间尺寸的把握，把与宠物日常的起居准确地记录在平面图中则是本章的特征。

虽说在很长一段时间里，把一般性住宅作为对象的实地调查似乎显得没那么有必要进行了，但如今"比起 15 岁以下的小孩，猫狗的饲养数更多"，"家中养狗已经成为平常之事"的现象比比皆是，对于"日本人是怎样和宠物共居一室"这样简单的问题有必要进行入户调查。于是，看似众所周知的、又未被详细了解的"与宠物共居的生活实态"，通过丰富的照片与图片，一目了然地展示于读者面前。对于建筑策划的研究者及设计师来说，定能在本章读到最新的研究理念。而对于要使用行为辅导的临床兽医来说，本书记载了很多平常会被饲主所隐瞒的生活状态，定能作为了解饲主真实生活状态的资料而起很大作用。

第 3 章　和宠物共同生活的细部设计

本章是基于 10 年以上反复试验成果的展示，是为了易于猫狗生活，而进行特殊改造的住宅中，种种设计的细部专集。在第 1 章中通过照片介绍的实例将会在本章收录对应的详细设计图。

由于本章中的设计极易被人模仿，作者曾不愿将这些设计图公诸于世。不过与其如此，不如将这些原创的设计图作为参考，以期在与宠物共居的设计上会有技术上的突破。但是所有的设计自有其理念与逻辑，即使在形式上的模仿得很相似也无法得到更加完美的结果。因此，为了让广大读者们更高效地学习作为设计背景的猫和狗的专门知识，作者准备了接下来的第 4 章。

第 4 章　宠物共居必备行为学

在本章中，作者将一些作为研讨会和动物专业学校讲义使用的文章重新整理，方便广大读者以教科书的形式来阅读。一些动物行为学、行为分析学的专业用语，对于本专业的学生也非常难以理解，作者本人也经常在各处看到错误的解释。作者以最贴近女创始者伯尔赫斯·弗雷德里克·斯金纳博士[*]学说的方式整理了本章，因此，本章可以作为行为分析学入门来阅读。

本章前半部分讨论"与宠物共生的住宅"在第二次世界大战后日本的住居形式的变迁史上有着怎样的定位；后半部分切入主题，讲解以行为分析学作为参考的设计手法，并以多个实例贯穿其中。作者恳切希望广大读者能够正确地理解、培养并推广这些，让与猫和狗的共居生活能够成为更加多姿多彩的舞台——"与宠物共生的住宅"。

广濑庆二
2013 年 9 月

---

[*] 伯尔赫斯·弗雷德里克·斯金纳（1904—1990 年）美国心理学家，行为学家，作家，发明家，社会学者及新行为主义的主要代表。著有《沃尔登第二》《超越自由与尊严》等。

目　录

第3章　和宠物共同生活的细部设计　　　　72

第 4 章　宠物共居必备行为学　　106

第 1 章

如画般的宠物共居空间

　　本章主要介绍以对猫狗的情感、动物行为学理论作为基础而设计的住宅空间。而这种住宅恰恰就可以实现饲主与宠物快乐而舒适、健康又不失优雅的生活理念。

　　前半部分是有关狗的介绍。从当下很容易被诸多错误情报而左右选择的"地板选材"开始，采用大量实例照片，详细解答"想要和狗舒适地度过每一天建筑可以做些什么"。所谓"如画般的宠物共居空间"之主旨，并不是单纯以简单的建材组合来实现，而是要理解"根据每日生活起居给以切合的空间、为了提高生活品质而进行环境营造"的重要性。

　　后半部分是有关猫的介绍。这部分是以完善饲养环境（提高猫的环境富足感）和减少问题行为为目的，介绍可以采用建筑手段得以解决的实例，并具体说明在完全室内饲养环境下猫的种种行为。

　　在本章中介绍的实例均出自作者的设计团队，对猫狗的行为分析也均是现场培育出的

照片 1

路易斯·巴拉干*设计的《圣·克里斯特博马厩》是以"置马于画中"为着眼点而设计的。当然，与爱犬共居一室也可采用相似想法，采取与狗的身高相对应的设计可以实现"置狗于如画的空间"，也定能让您的日常生活更富审美情趣。

经验的产物（照片1）。因此，本书会与一般向宠物训练书籍中的内容有所出入。尤其对于宠物生态来讲，若是出于对猫狗的行为与居住环境关系的考虑，更应顺应建筑师的视角而非动物专家的视角。

在本章中介绍的实例，将会在第3章有详细的图纸（细部设计），相应的页码也做了标记。所有的实例照片均已附上简单易懂的解释，而在第2章和第4章则具体讲解了"猫狗的行为与居住环境实态"和"行为学的专业内容"。因此，第1章可视为本书及本书理念的序言。

* 路易斯·巴拉干（1909—1988年）墨西哥20世纪著名建筑师，代表作有《巴拉干公寓》《吉拉弟公寓》等。

01　让狗与地板融为一体的设计

相比室内穿鞋的欧美宅邸和日本的和式住宅，首先会注意到的就是脚边的不同。以室内穿鞋为前提的欧美宅邸建筑选材，地板材料往往非常坚固。而为了迎合这样的地板选材，护壁板也需要增加厚度，因此常常会看到很厚重的墙裙。多数居住在日本和式住宅中的人们，在家中通常会脱掉鞋子，而且视情况会赤脚以寻求更加舒适的感觉，因此在地板选材上经常会选择缓冲性能更好、更有步行感（接近穿鞋走路的感觉）的地板材。这就是现代日本住宅，对于地板的选材和设计非常欠缺的原因。这是日欧住宅的分歧点，换句话说，这也是经常在猫狗饲养环境的课题上经常出现的问题。这个分歧点，不仅仅出现在其性能方面，在其美学方面也有体现。

近年来类似于"地板易滑，对狗的爪子有损害"这样一概否定地板的言论比比皆是，但是根据结论来讲，虽说普遍认为地板易滑，但不易滑的地板也是有的。平常大家所说的"地板"，其正确名称应该叫做"木板制地板材"，大理石地板就给这样的混淆当了替罪羊。尽管一眼望去，被磨得闪闪发亮的大理石看似易滑，但对于狗来说，大多数的大理石地板对它们的步行丝毫不会产生影响（照片 2）。是否喜欢大理石地板的问题先放在一边，这样片面的理解致使选择 PVC 地板的饲主也不在少数。当然 PVC 地板也有很多性能上的优点，但在美感的欠缺上就远远不及其他材料的地板。

现在，原本以榻榻米作为基本地板选材的日式住宅中铺木地板的洋式房间也越来越多。也不曾重视对于地板的选材，以至于设计上的执着感也在日益减少。但是要设计出与狗身高相符的背景，地板选材无疑是很重要的一部分。

大多数家庭都在用的 6 厘米成品踢脚线，其中很多都是木纹理的贴片，这是狗在家中最初容易破坏的地方，也是让住宅总体感觉很廉价的原因之一。还没有适应家中养狗的日本家庭，更要改善这些脚边的小细节（照片 3）。

照片 2　厨房的地板选材

图中的厨房地板铺贴地暖组合 30cm×30cm 的大理石地面砖。厨房是容易发生宠物误食以及葱中毒的高危场所，所以一定要注意留心掉落物和地板卫生的保持。另外，饲主也需要注意关上厨房的狗门，事先让厨房成为狗狗的禁入之地。

照片 3　起居室的地板和墙裙

图中起居室的地板用的是纯柚木的上油木地板。墙裙使用橡木板，并用油性着色剂着色。这样的设计让饲主不仅可以用磨砂纸简单修复狗抓痕，也能够沉浸于感受这片小区域历年变化的乐趣之中。

02 置狗于画中的室内装饰

除地板和墙裙的选材之外，在宠物饲养上的细节注意上，也和宠物居住质量有着紧密联系。当今很多日本人未曾习惯和宠物共居的生活，就使得共居空间中的家居摆设杂乱无章，本应与它们生活而产生的幸福感也无法展现出来。家中的狗本应使饲主有着更幸福的体验，无奈于屋中摆放杂乱，与狗生活反而更加疲惫的饲主更是不在少数。

照片 4 的实例中，饲主为摆置观叶植物预先设计好摆放台。大多数观叶植物被狗误食都会产生一定危害，但相比误食的危害性，在地面上摆置的花盆被狗翻倒弄脏屋子、不小心碰到花盆伤及人身或狗的危害性会更大一些。所以饲主平常会把一些不希望狗碰到的东西放在高处，观叶植物也最好采取相同措施。观叶植物摆放位置过高难免不自然，此外必要的日照时间和培养植物用的灯具，也需饲主在设计时留心，以达到完美的装饰效果。

装饰用的台面或是家具的高度根据狗的品种会有变化，但一定要比爱犬的身高要高一些，这样做就可以让这些装饰作为背景发挥其最大功用。背景整洁，狗会显得更加优雅，室内整理也会非常容易，也定能让饲主的审美意识更加浓厚。房间设计还有一个诀窍：考虑房间的透视感时，尽量将空间构思的重心放低。例如在顶棚很高的房间中，开放感会比较强烈。在保持房间开放感的情况下，采用离地面较近的设计就很容易创造出"置狗于画中"的空间（照片 5）。而且，出于动物行为学的考虑，在房间低位置配合地板高度造一个犬用的观察窗也别有一番风趣（照片 6）。

兼顾实用性和观赏性的设计定会别出心裁。就如同猫很适合被炉，狗非常适合壁炉和小火炉（照片 7）。狗在火焰摇曳的暖炉旁静卧的画面，将会定格成为心中无法替代的瞬间。

照片 4　观叶植物放置台
用陶土砖铺成 36cm 高的放置台，以防止宠物误食和碰倒植物。

照片 5　起居室
在因房间错层而产生夹层的房间中，齐腰高的水平线被强调出来了，可以让人更容易感受到"狗如同在画中一般"。图中夹层的下部还设置了狗小屋。

照片 6　"狗窗"
在狗小屋的墙上设置的窗户我们统称为"狗窗"。"狗窗"不是为人设计的，而是为了让狗在平常侧卧的时候，就可以看到家中人的情况而设计，其设计的位置也通常较低。

照片 7　木柴火炉
就如同猫很适合被炉，狗非常适合壁炉和火炉。而且最近的火炉安全性很高，就算爱狗在周围也不必担心。

03　关于狗午休的房间设计

很多饲主无形中限制了狗午休时的活动范围，而相反的，有些饲主在狗自己选择的午休场所放上小垫子等，帮助狗午休更久。本书第 2 章会详细介绍饲主倾向于固定狗生活起居所必需的场所（后简称功能空间）。如果这些场所真能各有其固定明确的功能的话，那我们就可以说在宠物生活起居方面就没有问题，但是这样的判断在美学的角度上并不成立。

照片 8 和照片 9 中狗的午休空间，是迎合季节变化和饲主生活方式而选择和设计，异于"独立空间"的场所，这里说的"独立空间"，是指对狗来说单独的空间，例如笼子或纸箱子等有门可以关闭的东西。"独立空间"的重要性想必大家多少都有了解，在此不做过多解释，"独立空间"可以让狗有一个相对安全的空间，而且在平时工作生活中，若有必须隔离开狗的情况，"独立空间"也可以起不小作用。

那么，若想要避免狗在生活中四处破坏，或是在不正确的场所排泄，我们应该做到什么？很多的饲主肯定认为，市面上所贩卖的宠物训练书籍，肯定会用大量篇幅来解决这个问题。但其实，从建筑设计的角度，找到狗的问题行为之根源，不仅行之有效，还可以减少对狗的刺激。换言之，只要限制狗的行动范围就可解决（但多只同时饲养的情况就会很复杂）。限制爱犬行动范围这种方法，相信大家都已尝试过。实际上，放任狗在家中自由活动的饲主也不在少数。当然这个想法并不坏，但是换个角度来看，像狗这样习惯于保护自己地盘的宠物来讲，这无异于加重了狗的负担。若平时经常注意限制狗行动范围，日常生活想必会更加轻松。对此，更加现实的提案，就是和"独立空间"不同，只固定一个对于狗更加舒适的地点作为狗的午休场所，并整理其周围环境以提高狗的午休舒适度。结果自然是狗的行动范围相应缩小，问题行动相对减少，脱毛的清扫更加容易，对人对狗而言都能各自享受舒适的生活。

照片 8　地面贴小瓷砖的午休区域
在书房一角的地板上做一块贴小瓷砖的区域。炎炎
夏日里，狗更倾向于选择这样的地点来降低体温。
另一方面，狗在读着书的饲主脚边也可以更加安心。

照片 9　把长沙发作为午休区域
在起居室中放置座面较低的沙发，以便于狗在平时
生活中频繁地和饲主亲密接触。而在晚上狗会在餐
厅角落设置的"独立空间"睡觉，其行动范围也自
然会被限制在起居室和餐厅之间。

04　可以自由和狗嬉耍的空间设计

与狗亲密度日并不需要很特别的舞台布景，就像在客厅中只要放置沙发、脚边铺上一层地毯就足以达到这个目的。

在第 2 章中会提到我们的调查结果，其中表明：室内除客厅之外，最让饲主感到狗有亲和力的地方莫过于玄关。当敏锐的狗狗察觉到饲主回家熟悉的脚步声时，便会迫不及待地冲到玄关对饲主说一句"欢迎回家！"。然后狗便沉溺于兴奋状态，在玄关和饲主闹成一片，难解难分。但是，玄关应只是换鞋的地方，不能让狗觉得这是有特殊意义的地方。在第 4 章"操作性条件反射"*章节会对此做出详细说明。在此希望读者注意比玄关更加重要的、更应该和狗度过美好时光的场所。

例如在家中工作片刻时，狗的居所如果固定，对饲主而言相当便利。在与狗保持一定亲密度的同时又互不干涉，这应该是相对理想的长期相处状态吧。当然，这是应该在充分地运动、能量消耗之后的状态。相信没有哪位饲主整整一天都有充裕的时间与爱犬嬉戏玩耍。

照片 10~11 和照片 12~13 的两个案例，是在日常常用家具中内嵌爱犬居所。照片 10~11 中在电脑桌的侧面内嵌设计了一个狗小屋。饲主在用电脑工作时，两只芭比犬就在脚旁的小床上静卧。

照片 12~13 中的特殊家具是为了迎合可以眺望湖畔的大型窗户而设计的自制长椅（详细设计图见第 85 页），长椅下的空间放置纸箱和狗厕所。

这两种家具在使用时，狗都会伴随饲主就座。这是根据家具进行诱导的条件反射，也就是家庭习惯。

住宅室内和狗共同生活时，饲主无需每一件事都做出命令，例如上述狗根据饲主行为而自动做出反应，这样的状态就非常令人满意。这本应是普通的状态，但现实往往不尽人意。对于这种问题，之前提到的特殊家具就可以作为一种解决方案。虽然决定家具的放置位置需要经验和一定技巧，但如果做好这一点，想必饲主们和狗的信赖关系也能愈加牢固。

* 操作制约（Operant Conditioning）生物学习形式中的一种，由伯尔赫斯·弗雷德里克·斯金纳提出。与经典制约相比较，操作制约有自发性和不明确的外界刺激。

照片 10 ~ 11　有狗小屋的电脑桌

靠墙放置的、内置狗小屋的电脑桌。这样的设计刚好可以让两只芭比犬常常伴在饲主脚边。用吸尘器的时候可以把门关上。

照片 12 ~ 13　附设小纸箱的长椅

在起居室中长椅下放置小纸箱，使狗狗们也有了自己的空间。照片中左侧是狗厕所，中间和右侧是小纸箱。饲主坐过去，狗狗们也会经常跟过去。

05　功能一体式犬用家具的设计

与中大型犬共居的情况，有必要对住宅进行一定程度的改造。它们睡觉、喂食以及排泄所需空间（功能空间）的占地非常大，也就导致所占空间比例极易失衡。另外，饲主还需要准备大量的犬用物品，而对于普通家庭的贮藏空间而言这无疑是个难题。

在这里介绍的案例，是在可以养宠物的公寓里为一只巴吉度猎犬（♀）而制作的特殊家具，放置在起居室（照片14）。当狗狗还小时，市面上贩卖的生活必需品完全可以满足它的生活起居，它在起居室中也可以和饲主自由活动。但它渐渐长大了以后，所有的空间就显得非常狭小，于是饲主就需要为它设计新的功能空间了。除此之外，为它准备的狗粮、LL 号的宠物用纸尿片的储藏量大量增加，之前的储藏空间也不够了。

狗站立时前爪或嘴能触及的高度、在喝水时头的高度、睡觉时的姿势以及排泄时的身体朝向等等，都需要和饲主一起仔细测量计算，以确定它特有的"犬类比例"（符合狗身体尺寸的设计尺寸）。

在做完以上步骤之后，就可以设计出本节所述功能一体式犬用家具（第87页详细设计图），其作用在于，将狗所需几乎全部的用品，都有序地整理在一处；且饲主每日照料狗时用到的、经常需要更换的物品都可以伸手即得。

这个犬用家具中，靠左边的门里面放置了一个宠物航空箱，作为狗的睡觉场所（照片15），对于经常携带狗狗外出的家庭来说，这是很便利的设计；而且平时宠物航空箱的放置场所也是让很多饲主头疼的事情，可谓一举两得。

完工之后，饲主对它进行了特别的诱导以固定她的住所，现在它也十分钟爱这个寝室。厕所和之前不同，饲主在不锈钢狗厕所内放上纸尿片，放置在了隐蔽的地方，并对她进行了充足的诱导以便让她不会用错。

通过几次装修改造和这个一体化家具的导入，起居室终于又变成一片其乐融融的景象。不必说，小巴吉度犬也参与其中。

照片 14　内置宠物航空箱的一体式犬用家具
与饲主一起慎重地讨论狗狗合适的"犬类比例"，
制作集狗窝、狗厕所以及喂食处于一体的一体式犬
用家具。

照片 15　同上所述犬用家具的宠物航空箱部分
左边是狗窝，中间是喂食处，右边则是狗厕所。为
便于宠物航空箱的取出以及厕所清扫，所有柜门均
可打开。

06　犬用多只饲养设施的设计

金属制或是木制的笼子和围栏，是通常会使用的犬用多只饲养设施，但这作为狗的窝来说并不是最好的选择。将笼子或栅栏一字排开放置的时候，暂且不管在里面生活的狗鼻尖都可以相互碰到，狗无法一起玩耍的状态，也一定是充满压力的。

笼子，显而易见，就是用来监禁爱犬的设施，所以笼子并不应该作为家庭中饲养设施。遗憾的是，对于现在的饲主而言，选择少之又少。从长期角度考虑，改善的余地应该是有的。

照片 16 和照片 17 中的犬用家具，是为了饲养六条腊肠犬而制作的箱型饲养设施（第 85 页详细图）。这个设计就可以用来解决上述多只饲养的问题。六个箱体空间相等，质地相同，每个都装有门。

门是由带液压阻尼器（减震器）的挡板制成，以保证平常门处于打开状态。这样的设计可使门在打开时不会很显眼碍事，相对的，只是在使用吸尘器时、家中客人不喜欢狗时以及在收拾东西过程中，狗不停在旁边狂吠时才将门关上，并以此对它们做一定训练。然后，开门时要注意动作幅度和声音要小，以避免狗被门夹住。如果门关闭的时候狗出现恐慌情绪，本设计可让狗从内部用头一顶即可出来。

也许大多数的饲主会认为"把它们关起来太可怜了"，但实际上绝非如此，平常狗会认为箱内是它的安全领域，因此箱内要放置水和食物，箱体本身也可替它们抵御外界的刺激。大多数情况下，在饲主慢慢打开箱子一窥究竟时，却出乎意料地发现，狗在里面非常安稳地休息。

在饲主对狗行为的想象和实际有所偏差时，通常是饲主将狗过分拟人化了。以本节所提及的全用家具举例，如果饲主对此家具有误解或错想，那很有可能是饲主本人不太适应光线较暗的场所，亦或是在饲主小的时候有被斥责后关在小屋里的经验。

照片 16　带抽屉的箱型犬用家具

兼喂食处及住处于一体，每个箱体的空间都一致，
带门。门通常打开，在使用吸尘器等情况下可以将
门关上。

照片 17　箱型家具使用情况

门在打开时嵌入家具内部，十分整洁。另外，为了
避免爱犬受到惊吓或受伤，箱体中内置液压阻尼器
（减震器）以将门可以慢慢关闭。所有箱体中设置的
水碗，均依照狗的身体比例放在 12 厘米高的地方。

07　限制狗活动范围的设计

无论在哪个家庭中都有不希望狗进入的区域。这样的区域，有的是会打扰饲主，有的是会对狗的安全构成威胁。限制住宅室内狗的活动范围，若是在家中只对狗进行训练，即使训练方法正确，饲主也有可能之后会改变想法；亦或是智商较高的狗，也有时会因某种特殊的欲望，而无视饲主的命令。尤其是经常只有狗在家的家庭，不用一些物理空间上的设计对其限制，恐怕无法达到预想的效果。就算饲主不在家时，狗做了各种恶作剧，饲主回家之后大为光火也起不到任何作用了。

大多数情况下，不希望狗随意进入的区域有玄关、楼梯、日式房间、厨房等等。关于厨房，就如同大人不希望小孩出入厨房一样，对狗来说也是出于安全角度考虑。

不希望狗进入的区域，可以在空间设计上把入口挡住。现在很多人使用的都是在市面上能买到的叫做"狗护栏"的东西。

追根溯源，现在的"狗护栏"是由"婴儿护栏"转变过来的。而"婴儿护栏"是以婴儿长大之后就不会再用为前提，也就是说，由于只是一段时间使用的东西，为降低价格这些护栏的设计优良性和耐久度少有令人满意的。但狗一直都保持着婴儿的这种性质，也可以说，狗可以一直看作是婴幼儿，所以要能够满足 10 年以上使用的，确实在设计上要花些功夫。

照片 18～20 中设计的是为防止巴吉度猎犬自由出入厨房而设计的挡板（第 75 页详细图）。

在本设计中，为了防止单开门使用困难的问题发生，而采用了轻轻迈腿很自然就可以越过的造型，即使两手拿着东西也可以自由进入。护栏可设计成狗跳跃可以跨过的高度，但只要稍微加以训练就足够把狗挡在外面。

下一章的调查实例中会提到，很多饲主依照此设计制成狗护栏。在这个盛行与狗共居的时代中，市面上贩卖的各种关于狗生活起居的必需品，并没有非常全面地满足饲主多样化的生活需求。这个狗护栏就是其中一例。

根据需求设计出不同形状

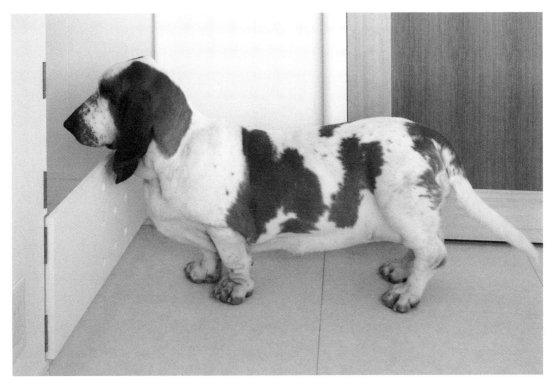

照片 18　厨房用狗护栏

护栏被上下分割成为两部分可分别开关。饲主在家
时，只关下面高约 310mm 的门，虽然狗有跳跃跨
过的可能性，但对于行为限制高度已经足够。

照片 19　厨房用狗护栏（饲主出门时）

在厨房入口安装的总高约为 815mm 的狗护栏，是
半开门的形式，且上下被分割开以便自由开关。在
饲主出门时、只留狗在家可以如图将门全关。

照片 20　厨房用狗护栏使用方法

下半门的高度饲主可以轻松越过，完全不必烦恼门
的开关问题。

08　猫在画中一般的室内装饰设计

　　以前即使是家猫，饲主也会顺应着猫的好奇心和热爱自由的性格，让它们随意进出房屋，而现在在都市中生活的人们，则会把爱猫完全室内性饲养。

　　往往是人类单方面地和猫接触、照料它们、误解它们某个一时兴起的动作，而觉得和猫一起生活觉得很快乐，可是实际上，猫也许从来没有真正理解过它们主人的心情或是想法。相对而言我们人类，究竟对猫有着什么程度的了解呢？

　　平时只是睡觉看起来十分慵懒的猫，若偶尔让它与生俱来的运动能力发挥一下作用，它便会在屋内以敏捷的身手上蹿下跳，高超的运动能力让很多饲主不由得由衷钦佩。但其实，有些事实却早已被饲主们遗忘，那就是在家中饲养的猫，多已丧失了野外捕食行为的能力，而这种能力需要在攀爬公园中的树木或山石来锻炼。当然，这种能力在当今社会，或许已经不再被家猫所需要了，但也因此，家猫就失去了一个作为猫的魅力点。接踵而至的，就是家猫中普遍存在的肥胖倾向，猫作为捕食动物，却保持着极不相称的肥胖体型，不免有些讽刺意味，需要减肥的家猫也越来越多。

　　于是，对于一生都在家中生活的猫，饲主就有必要完善饲养环境的丰富性（提高猫的饲养环境），例如照片 22 中的设计就是联想树木山石，而制作出来的多层复杂空间。饲主所应有的义务就是：根据猫极高的身体协调能力和运动能力把家重新设计改造，从而让猫发挥其本来的能力，尽情玩耍。楼梯是这类场所之一，饲主应该尽可能多地考虑爱猫的行为和能力来仔细设计（照片 21、照片 23 和照片 24）。

　　如果能设计出可以让猫发挥其身体能力的空间，那么定能实现充满活力的猫在画中一般的设计。

照片 21　三重楼梯

最外层的楼梯是人猫混用的普通楼梯，里面两层楼梯是猫专用楼梯。这样的设计从正面看起来就如同隧道一般。

照片 22　游戏室

在约 1.8m 宽的走廊中，纵向布满可以让爱猫自由运动的平台，立体感和层次感较高的空间，对猫来说空间质量大大提高（第 97 页详细图）。

照片 23　箱型楼梯

有收纳作用的箱型楼梯，这种开放感较强的楼梯相对于普通楼梯更受猫的喜爱。

照片 24　螺旋楼梯

是最受家猫喜爱的楼梯。尤其是像这种通透的没有台阶踢面和扶手墙的设计，饲主也可以很轻松地和爱猫玩耍。

09　仔细计算猫的动作

在作者的团队对在完全室内的饲养条件下的，普通家庭中的 18 只猫进行长时间观察后，得出以下结论：猫的行为会依不同家庭中的不同饲养环境而大不相同。与此相比狗则不同，狗的行为举止会直接受到其饲主的影响，而受环境质量影响的程度则非常低，倒不如说饲主的行为反而要受到居住环境的影响。

居住环境质量对猫的影响，包括抢地盘和因行动路线冲突而打架等，尤其是多只同时饲养的状况，更要注意环境丰富性的提高。很多饲主也觉察到了，一般性住宅远远无法满足饲养猫的需求。

居住环境对猫的影响，恰恰说明了养猫养狗的区别。在日本有一句谚语：狗黏人猫黏家。把这句谚语拓展到行为学层面解释更是一语中的。

行为治疗的专家尼可拉斯·杜德曼博士[*]，在其所著《我家的猫很奇怪！（The Cat Who Cried For Help）》一书中提到："若想在同一个屋檐下的猫们幸福地共存，那

就有如变戏法一般，即便有偶然性、对它们的宠爱以及充分的食物，那也仅仅能把共存变成可能而已。"并主张要对猫的居住环境进行调整。

照片 25 和照片 26 中所展示的是第 16 页所提及的"多层空间"，此设计中猫会和平地分享其领地。若想让猫在多只同时饲养的情况下和平共处，设计者就需要在设计时，模拟猫的行动路线并熟知猫的习性。

照片 25　能行走到预想地点的路线
左侧的猫挡住了右侧猫的行动路线，但是在这之后右侧猫却很顺利地到达预计地点（照片 26 续）。

[*] 尼可拉斯·杜德曼 毕业于格拉斯哥大学兽医学院并在此任教。著有《The Dog Who Loved Too Much》、《The Cat Who Cried For Help》等书。

照片 26　猫可上下交错行动的路线计划

照片 25 的后续。如图所示，本来躺在平台上的猫会给从右侧接近的猫让道，其具体动作是将其下半身缩进在它背后的小洞里，以给右侧猫最低限度的移动空间。这种切合猫行动路线计划的设计，就如图中所展示一般。在室内饲养的猫，也相对容易掌握这样的动作。

10　猫之居高临下

猫的对环境变化的敏感度远远超出人们意料。也正是因此猫才会宁可逞强，也要登上房间中最高的位置来观察这些变化。在书架或衣柜的上方，甚至在宽度只有 36mm 的门扇上沿都能看到它们居高临下的身影。相反的，对周围环境的刺激无动于衷的猫也有很多。对这种猫来说，只要给它们以足够的食料和安全的环境，它们就可以在家中很安稳地生活，而并不用居高临下环视四周。但即使是这种猫的行为，也有可能是家中的环境设施太过无趣，以至于无法满足它们与生俱来的好奇心和探索欲，亦或是身体肥胖而无心无力去探索所导致。

尤其是在多只同时饲养的情况下，这种很高的场所很有必要成为房间设计中的重要的一环。猫们在房间中会和同伴分享资源，例如时间或室温、自己的情绪和身体状况，并会各自划归自己的地盘。饲主如果要充分利用猫的这些习性，就要和它们拉开一段距离来观察确认。在打架频发的养猫家庭中，往往我们能观察到猫被迫过分紧密地生活在一起，而且家中少有、

或没有可以让猫居高临下的场所。照片 27 和照片 28 就是改善这种家庭环境的两种设计，其着眼点均是设计出能让猫从立体上活用空间的环境。

能让猫有居高临下空间的理由其实还有一条，猫在家中有客人来时会逃跑，当然，这一条对一部分与人交往能力高的猫不起作用。但这些逃走的猫，不仅会引起猫的恐慌情绪，它们的躲藏的地方也往往是非常狭小的家具之间的缝隙，这绝对说不上是一个良好的状态。此外，在多只饲养情况下可能会出现，"被排除在群体之外的猫"，这种猫也有选择狭小、不卫生的缝隙作为逃跑去处的倾向。不论如何，如果有较高的场所作为这些猫的避难所，相比各种问题都会减少很多。

其实在家中设置多个可以让猫悠悠然居高临下的场所，被监视的主要都是我们人类的行为。但是在某个瞬间抬眼望去，人猫四目相对，不由得便会觉得居高临下的猫十分可爱。倒不如说，我们希望被这些居高临下的猫监视，才设计制作出了这一个个场所。

照片 27　猫用小道和猫爬架

利用小屋梁做成的、可以让猫自由行走的小道和与
之连接的螺旋楼梯（猫爬架）。猫用小道不仅可以让
猫通过，也同样是猫的滞留场所（第 91 页详细图）。

照片 28　猫平台

如图所示，在楼梯间的楼梯井（楼梯之间的空隙处）
处的顶棚一般很高，于是饲主简单地制作了一些从
墙壁挑出的平台供猫使用。人在上下楼梯的时候，
猫们就会在平台上向下看（第 101 页详细图）。

11　猫眺望窗外的风景

正如前一节所述，若要按照猫的习性来设计房间，眺望台则是必要的。而眺望台的设计，不仅仅要使猫可以居高临下地环视屋内，也要可以使猫一目了然地观察屋外状况。猫向窗外眺望，不光是因为它们对人来人往车水马龙有很深的的兴趣，同时这也是它们守护自己地盘的一种方式。本书是以介绍完全封闭的室内饲养设计为主，因此此处守护的地盘即为饲主的家本身。

布鲁斯·霍格博士*在其著书《猫的心灵（Cat's Mind）》中提及"母猫和阉割后的公猫会划有小规模的界限明确的地盘。这就如同人们会在自己家的周围种植树篱、修建围墙来划分自己的生活圈一般。家猫会再三依照其饲主的生活圈，来划定自己的地盘，并将这个小王国凭一己之力坚守到底。"在《猫的心灵》一书完成的 1996 年前后，不仅是日本，就连欧美诸国也没有普及完全室内饲养的理念，因此猫频频外出是十分普遍的事情，但多年后的现在情况却大不相同。

在被认为存在领地争端的养猫家庭中，往往供猫向外眺望的窗户、窗台的空间是极为狭小的，而窗台恰恰是争端频发的区域。换一种角度来看，所有的窗户对猫来说都非常重要，至少从猫的角度来讲，窗户是绝对不允许有任何疏忽的空间。因此，窗台应该设计成可以让猫舒适地观察屋外状况，如照片 29，照片中窗框比普通窗框宽，猫趴在上面俯视窗外并无不适，这种设计就是大多数饲主需要考虑的。

另外一点设计者需要考虑的，是猫可以透过窗户看到什么。猫和狗不同，它们不会对外来的访客吠叫，因此在野猫不会侵略其领地的情况下，应让猫尽可能多地从窗外的风景中得到反馈。

除了要在飘窗（窗户突出墙壁）和窗框的设计上下功夫之外，设计者可以考虑类似于照片 30 中的和地板高度基本平齐的细长条窗户，这种设计也广受饲主及其爱猫的欢迎。其优势在于夏天时很方便室内通风，爱猫使用时也会使其成为不同寻常设计的一部分。

采用这种平齐地板的窗户，建筑经常能从屋外一眼看到猫在窗旁的婀娜身姿。实际上这对房屋的安全系数也有提高——入室抢劫犯或是小偷通常不会接近饲养宠物的人家。

* 布鲁斯·霍格博士（1944-）毕业于加拿大圭尔夫大学兽医学院，毕业后前往伦敦在伦敦动物学会担任兽医。其著书有《养猫百科（Cats）》、《爱猫（Catalog）》、《猫的心灵（Cat's Mind）》等。

照片 29　爱猫专用小阁楼的猫窗
在一家之中最高处、最能将屋外事物尽收眼底的位
置，深得爱猫喜爱。想必猫的好奇心也能得到极大
的满足（第 91 页详细图）。

照片 30　平齐地板的猫窗
通常窗户设置在离地 90cm 左右的高度，但跳上这
种高度对于老猫而言很困难。为了这种情况而设计
的就是图中所示与地板高度平齐的爱猫专用窗户。

12　猫在此处停留

类似"让猫待在什么地方比较好呢？"这样的发问或许是没有必要的。就像我们有时希望猫可以在大腿上讨我们欢心；而在看报纸或电脑时，我们又希望猫只要离开报纸、电脑键盘就谢天谢地了。猫是为所欲为的生物，但相比起来人类却更加为所欲为。本节中将会介绍如何运用建筑手法，营造出除大腿和床上以外的、人猫共居的温馨环境。前几节所述"高处"和"可以自由观察屋外状况的场所"也囊括其中。

照片 31 展示了在猫台阶间隔中设置的"猫洞"，其为高宽各 20cm 的正方形小洞，并以此充分体现猫穿过小洞的独特魅力。除此之外，猫伏在洞口只露出脸的情况也会很多。对猫来说"只露出脸"的场所是有着特殊意义的，对人来说只不过觉得这个动作十分可爱罢了。

照片 32 展示了一种面向窗户固定的收纳家具，其综合了可以让猫攀爬到窗户高度的楼梯，和类似于藏匿所的猫小屋。在平时猫就会把家具当做楼梯来攀爬、把狭窄得甚至能碰到身体的场所作为片刻的居所，猫的这种使用方法，正是本家具的设计初衷。

照片 33 展示了陪伴猫长大的，其十分恋恋不舍的一把老古董椅子，搬入新居时椅子也搬来。本设计的考虑，出于让猫可以顺利适应新环境，这也是与猫共居在饲养环境完备之上的又一关键要素。

照片 34 展示的是猫的"观察窗"，其作用是当有些房间需要避免猫进入时满足猫的好奇心，很多只猫聚集在窗口时就如图中这般景象。但往往，"观察窗"不会像人们所想象的那样频繁被猫使用。如果没有在窗口前通过的楼梯，和让猫停留的建筑结构，就往往得不到饲主所期待的效果。

猫与狗不同，它们常常会做出令饲主大失所望的行动，倒不如说猫并不是肩负着人的期望而生活的动物。但做出种种调整，让爱猫能够更温馨地和人类共同生活，却正是饲主不可推卸的责任，何况在完全室内饲养为主流的当下，饲主更应以这样的态度对待这些做给猫的设计。

照片 31 "猫洞"和"猫台阶"

"猫洞"和"猫台阶"的组合，可以创造出一片足以让猫静卧的空间，若此处正处于视野开阔的区域，猫就常常会像图中一般只露出脸来。

照片 32 猫家具

本案把收纳家具设计作为猫的隐居所。如果在新的饲养环境中，需要诱导猫熟悉这个家具，只需将平时所用靠垫或毛毯放置在家具中即可。

照片 33 猫的爱用椅子

不必为猫特地准备一把专用的椅子，将一把之前用的椅子，放在屋中适宜摆放的地方，猫就会自发地选择这个场所停留。当然这把椅子并非要常常固定摆放，且选择爱猫喜爱的家具即可。

照片 34 "观察窗"

在一些需要避免猫进入的房间中，可以设置带玻璃的观察窗，这样一来猫们可爱的姿态就可以时常展现在眼前。但若欲达到图中的效果，就需要用到一些建筑上的小技巧了。

13　猫的饮水处

爱猫们不知为何，总喜欢在浴室或厨房的水槽处，喝水龙头出来的水，而非饲主们精心准备的水碗里的水。此外，最近也听到被称为"循环式自动饮水器"的猫狗饮水器在市面热卖的消息。

说起猫喜欢流动水的原因，在于新鲜的流动水的含氧量较高，当然，视觉上的要素也包括在其内。

水中的含氧量会因水被搅拌，而在一定程度上增加，当水静止或水温高时就会降低。因此，利用水泵原理制作出来的"循环式自动饮水器"，其中流动的水会较碗中的含氧量更高，进而博得宠物喜爱。另外这个机器可以一次性预先储备一公升的水，作为容器也是十分便利的。但是，在使用这个机器时不仅要找插头，为防止水洒出而要在地上铺纸，这无异于本末倒置。正如本节开头所提，我们或许应该准备一个像洗脸池一样的设施供它们使用。

在照片 35 和照片 36 中，展示了现在标准规格的饮水处。正如现在人使用的多数的水槽一样，这个饮水处必须要有"溢出功能"。这是因为若想让供给的水足够新鲜，就要在一定程度上，让水不断从水龙头流出。而所谓一定程度，无外乎让水滴从水龙头滴落而已——水滴落在水面而扩散开的波纹，很能引起猫的兴趣。这就需要相对精密的开关来控制水流量。使用现在主流的"抬启式开关"却很难掌握水流量，使用"螺旋式开关"恰能做到此点，故以这种开关为主选择水龙头就很有必要。

至于饮水处的高度，最好设置在可以看到猫饮水时状况的高度；与人和狗不同，对于体态轻盈的猫来说，比起与地面齐平的高度，设在离地 80～90cm 高度的台面上效果更好些。此外墙壁的防水性要高，若以多色的墙砖作为背景，就使得这个饮水处的氛围有如餐厅一般。和在地面上设置的另一点不同，纵使猫把水洒得到处都是，清扫也非常容易；当然，观察猫饮水时的样子也更简单些。所谓观察，恰恰是饲主养育动物能享受到的最基本的乐趣。

照片 35　猫的饮水处

在喂食处周围墙壁上贴上小瓷砖，并将饮水处设置在较高的地点。水槽运用了普通的洗手用水槽的溢出功能，水从水龙头慢慢滴出来。

照片 36　饮水台的设计

这个在离地 90cm 左右设置的饮水平台，平时也作为猫的喂食处。比起在地面饮食，这样的小台显然更加便于清扫。

14　猫厕所以何处为宜

本来，像猫这样略有洁癖的生物，应是非常适合和人类生活的，在其排泄行为上更是如此，就像它们会很容易接受饲主提供的厕所。但是，当厕所不够干净或是其形状不受猫喜爱时，问题随之而来。除此之外，更令人无可奈何的是，它们用爪子把猫砂来隐藏排泄物的时候，会用力过大而把猫砂洒得到处都是，这是猫的习性，我们无法左右。但和猫共同生活时，饲主总要找到一种能让自己更轻松的办法。

在养猫人士关于烦恼问题的问卷调查中，猫在屋内随意小便污染环境的问题定然列在前位，然而这在建筑方面并非无从下手。

首先饲主必须认识到，不管如何训练猫以使它们会使用厕所，厕所的周边积年累月总会被污染。因此和人用厕所同样，猫厕所周边的地面和墙壁也需要防水措施。与此同时，若将猫厕所的设置面略低于周围的地面高度，洒落的猫砂清理起来会更加容易。

其次，关于猫厕所的设置地点，饲主不能将其随意选在房间的角落。这样做有损美感之外，更多的是，无法有效处理类似于猫砂洒落的环境污染。其理想位置，应选在相对于人与猫日常生活空间略微隐蔽的场所，且在日常生活流线上，饲主可以较自然地频繁确认厕所使用状态。厕所数量尽量按照所养数量设置。和饮水处同样，猫厕所需要最初确定下来，旨在和同居之人关系的稳定。养猫数量较少的情况下，污染扩散的速度很慢或有未察觉；然而在多只同时饲养的情况下，若没有施行适当的对策，家庭环境定会以此为中心逐渐被污染。

如照片 37 和照片 38，在建造房屋时，就对猫厕所的放置场所进行了谨慎设计。地面和墙壁采用瓷砖等防水性较高的材料。另外，24 小时使用的换气扇，使其周围通常处于负压状态，使异味不会向屋内扩散。就现在来讲，这已是对于猫厕所设计形式的最好模板，也得到了众多家庭的赞赏。

照片 37　类似于露天地的猫厕所放置处
利用楼梯下的空间、将地板和周围墙壁贴上瓷砖，
做成的猫厕所放置处。出于可用水彻底清洗的考虑，
地板做了全面的防水处理并设有排水口。照片中为
猫厕所放置前的状态。

照片 38　防水猫厕所
在地板上填充合成树脂制防水板，比地板低 5cm
左右，洒落的猫砂处理起来很方便，并不影响美观。
在墙壁较低位置设置了 24 小时换气扇。

15　猫用功能场所的立体设计

如前述 "猫的饮水处（第 34 页）" 及 "猫厕所以何处为宜（第 36 页）"，最近很多实例中，这些猫用功能空间采用了一体式的设计。其主要原因在于宠物多只同时饲养的情况下，功能空间整体所需面积很大，以至于在面积有限的房屋中，空间需高效而立体地运用。

一般来讲，猫的饮水处（喂食处也同样）和猫厕所之间需要间隔一定距离。但只要将两处不设置在同一平面上，或者在立体层面上下分开放置，即使间隔距离较近也不会产生问题。这一点正中饲主们下怀，就像照片 39 和照片 40 中所展示，下层为猫厕所，中层为猫的喂食处，上层是吊柜，这样把猫用功能空间结合一体的设计，对饲主而言可谓大有裨益。也就是说，这种设计可使饲主在节省空间的情况下，同时又能提高照料宠物的效率。更具体一些来说，约 1 贴榻榻米的空间（1.54m² 左右）能够容纳 4 只猫的功能空间。

但是，这个设计难于实施：猫厕所的位置若不恰当猫不会使用，饲主则只能将其移至他处；猫的喂食处设置在 80cm 左右高度的平台的情况下，饲主需要考虑一条路线让猫能够顺利登达平台，而当路线单一时，就很容易引发多只猫的争斗。正所谓设计缺陷。若要发挥这个一体式设计的预期作用，当然在设计上或许有些诀窍，但猫的习性更是能使其正常运作的重要齿轮，亦是不可替代或剔除的一部分。此设计若能正常运作，想必与猫相关的绝大多数问题定能得以解决，自然可见其重要性。

从结果角度来看，在盛行完全室内饲养的今天，仍有很多的饲主尚未对饲养猫的态度发生改变，从而未意识到猫对于空间强烈的依赖性。至于本节中的立体设计，其风险是存在的。所以在住房面积足够大的情况下，饲主应该首要采取平面的功能场所分布，将喂食处和厕所分别开，并将其各自组合收纳将会是更妥当的选择。

照片 39　猫厕所和猫的喂食处 1
在全长 2.6m 的台面上设置两个猫用饮水处。在台面上部设有猫用楼梯供其攀登；下部则是和台面同样尺寸的、增设防水板的猫厕所放置处，可容纳 6 个在市面上购买的猫厕所。

照片 40　猫厕所和猫的喂食处 2
自台面下部安装楼梯，并在台面上打通一个小洞供其通行。猫砂和猫干粮可在上方的吊柜中收纳，其顶部则也成为猫的活动路线的组成部分（第 103 页详细图）。

16　猫用小道的五个原则

近些年，一些住宅开发公司根据市场需求，设计开发以"与猫共居"为前提的商品住宅。其中很有标志性的，就是房间中会被预先设置好"猫用小道"。但是，平心而论，在杂志和网上发表的，包括一些普通建筑师设计的小道，对于猫的行动规律来说，还有一些本质上的欠缺。判断这一点的理由，是爬架不符合猫的行为学规律，以及不符合基于经验的原则。

关于设计猫用小道，作者在此提出五条重要原则。

1、要有"猫会在此处停留"的理由；

2、不得有"单向通行"的爬架；

3、可以擦拭清洁；

4、饲主可以享受到猫使用爬架的乐趣；

5、留有可以让两只猫错身的空间。

关于第一条的"猫会在此处停留"的理由，前面章节中的内容已经详尽解释过。在为猫定制的，各式各样特殊的空间中活动时，要想让在家中设置好的猫用小道发挥其用途，"猫会在此处停留"的理由就显得至关重要。

在市面上有许多猫用小道，就算在人看来都会感觉很容易感到厌倦。作者想要展示的猫用小道的形状，是不会显得突兀，就算独自摆放也能有充分美感的。照片 41 中，挂在顶棚上的猫用小道（第 93 页详细图），同时起到了反射灯光的作用。照片 42 中，圆盘形状的猫用小道（第 95 页详细图）具有美感。符合以上五条原则，设计的可能性可以拓展地很宽广。

照片 41　悬挂式猫用小道

高度不一的，挂在顶棚上的猫用小道。可以看到猫爬上爬下的身影。

照片 42　靠近窗户的各式各样猫用小道

墙上的台阶是可以让猫在上面自由活动的横木。挂在顶棚上的圆盘形状的猫用小道，着色的感觉接近于抽象画。这些设施都与邻屋的爬架相连。

第 2 章

与宠物共居的生活实态

作者团队自 2000 年春以来，在进行设计工作的同时，也独立展开了一项主题为"适合和宠物共居的居住方式"的研究。研究方法包括，访问一些和宠物共居多少有些问题的家庭，开办一些意见交流会等等。回过头来看，人与宠物共居的千姿百态一一呈现在眼前。在众多家庭生活层面上的宠物问题中，有普遍存在的，也有独特单一的。若只研究"宠物的行为"，不免过于局限；于是自然而然的，我们便开始以"人与宠物的活动空间"作为课题进行深入探讨。像这样偏学术性质的研究，就要将研究对象的住宅画出平面图，并将饲主与宠物的行动轨迹加以记录，并以此进行探讨。遗憾的是，虽然有很多家庭愿意将家中的样子公布给我们，但一旦涉及到照相、记录房屋布局时，其中不少家庭便态度大转。至此，能与我们合作的人一直都少之又少。

自 2009 年以来，作者团队得到了来自中央动物专科学院的全面支持，并与就读于"人

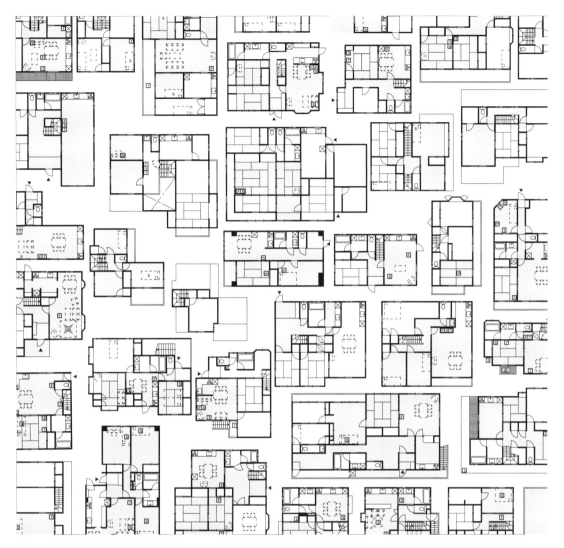

图1　通过田野调查部分平面化的房屋布局
截至现在，调查范围已覆盖至东京都、神奈川县、千叶县、埼玉县、山梨县、茨城县、宫城县、长野县、静冈县、兵库县、大阪府、石川县及福冈县。

与动物的共同生活"专业的学生们，共同组成了以"和狗居住的生活实态"为课题的研究小组。在小组人数增加之后，找到合作者相对的也变得容易了一些。另一好处是，不仅是与狗的日常生活中存在问题的家庭，就连"没有任何问题"的家庭也渐渐愿意接受我们的调查。不禁有人要问，在多种多样的住宅中，日本人究竟是如何与狗共同生活的呢？将这个问题带到平面图中研究，恐怕少有先例。在当初不断摸索中，实地考察逐年愈加效率化。在2013年3月，已经有119个家庭，有完整平面图化的调查报告。如今细致的实地考察仍在继续，而且不光是狗，连猫的生活状态的事例，我们也在收集。

　　在第2章中，基于实地考察的分析，将整理众多饲主的行动类型及居住模式，并详释和宠物生活过程中，特别是与建筑紧密相关的处理意见。

01　狗的室内生活

对于宠物的室内生活来讲，2003 年想必是一个重要的转折点。据一般社团法人宠物食品协会调查，在家庭中，1994 年未满 15 岁儿童总数约 2041 万人；除去在室外饲养的猫，猫狗饲养总数约为 1522 万只，儿童人数比宠物只数要多。但到了 2003 年，未满 15 岁儿童总数约为 1791 万人、猫狗饲养总数却达到 1922 万只，宠物只数超过儿童人数。而且儿童数量的减少和宠物数量的增加趋势并没有改变。

与猫狗饲养总数增加相伴而来的，就是在室内生活的狗的数量也大量增加。2012 年，狗的饲养总数的 76%、纯种犬（有血统证书的）中有 85% 在室内生活。根据我们的调查，有平面图的 119 个家庭中，狗在室内生活的有 110 家。当然，其中也有一些家庭，在屋外有狗屋、但狗平时也在屋内生活。无法明确分类的也有，例如有一些狗白天在庭院里活动，晚上则到走廊或玄关睡觉；有一些狗在屋外生活，但其行动范围也包括玄关地面的。

在屋外生活的狗渐渐向屋内转移，这一现象在逐渐增多。

在转向室内生活之后，狗的变化很大（照片 1～4）。由于没有预先考虑到要将其安置在一般性住宅之内，就产生了种种问题。栅栏和笼子占用空间过大，狗的喂食处、厕所阻挡居住者行动路线等问题频频发生。

此外，更有一些日本特殊的问题，发生在这些室内不穿鞋的家中。在普通日式住宅中，狗的爪子极易损伤榻榻米；木地板以不穿鞋为设计前提，导致地板非常滑，从而使狗受伤；直接在地板上生活起居的家庭中，居住者的生活用品经常直接摆在地上，狗误食的可能性也很高。

更严重的是，卫生问题更是层出不穷。它们的排泄物弄脏地面和墙面，然而并没有很容易清扫的材料；就连地面采用防水性较好材料的厕所，也未必能确保万无一失。

狗的室内生活会带来诸多问题，即便如此，在不少事例中，饲主做了一些调整便可以和狗顺利地共同生活。不妨将一些窍门，通过实地考察分析运用，以达到与狗的舒适生活的目的。

照片 1　狗趴在起居室的地面上
在室内生活的狗，会比之前更加接近人们。

照片 2　狗在咬着人用垫子
狗会把在地面上放置的所有物品，当做自己的玩具。

照片 3　穿着衣服的狗
出门时候穿的、在屋内穿的，狗拥有了各式各样的衣服。

照片 4　宠物用暖气
怕冷的狗不在少数，在冬天时常能见到它们使用宠物用加热器。

02　狗的喂食处

在我们调查的家庭中，把狗的喂食处固定在一处，并放置狗用喂食盘的事例有很多。其中不乏有饲主将喂食处固定在狗栅栏中、墙边、冰箱和碗柜间的空余空间等处，不会影响居住者行动路线。与狗厕所和狗窝不同，喂食处的固定场所，往往是按照饲主本身的意愿决定。

在接受调查的 119 个家庭中，有 61 个 LDK 家庭（除卧室外有 L 起居室、D 餐厅、K 厨房）或是在 DK 家庭（除卧室外只有厨房和餐厅），会将狗的喂食处固定在距离餐桌或厨房 50cm 以内的范围（照片 5）。进一步观察的话，对象中有将狗的喂食处，固定在接近厨房水槽位置的倾向。有 14 个家庭将其固定在厨房内，此举使给狗喂食、喂水的准备工作，都可在厨房完成，十分方便。此外，若在餐桌旁固定喂食处，便可同步居住者的用餐和狗的喂食工作。

有 36 个家庭将狗的喂食处设定在起居室，数量位居第二。我们通过访谈了解到，在这样的情况下，饲主会有意识地，将狗的喂食处与居住者的用餐地点分开（照片 6）。

在烹调时或是居住者用餐时，狗会表示出对食物的极大兴趣。因此，狗会食用掉落在地上的食物、或就算饲主知道有些食物对狗的健康不利，也忍不住地去喂给它们。

有些家庭为了防止狗的"葱中毒"事故发生，会用狗围栏来禁止狗出入厨房；也有些家庭为了防止狗上来讨食，索性在居住者用餐时将狗放入栅栏里（照片 7）。

狗食用湿狗粮或饮水时，很容易弄脏周围环境，现在的主流措施，是在喂食盘下放毛巾、塑料制浅盘、报纸等（照片 8）。自然还是有很多饲主非常头痛，因为有些种类的狗在饮水时，会把大量的水洒在地上，而并没有很好的防水对策。但也有一些饲主，不惜在最下层放上防水板，在防水板上放上浅盘，再在浅盘中放入毛巾，最后在最上层放喂食盘，以达到完美的防水效果。除此之外，有些家庭也会将喂食盘，置于宠物用纸尿片之上（照片 9）。由此可见，各个家庭在防水问题上，都下了不少功夫。

但是，也可以从此看出，日本的多数住宅，对于与狗舒坦地生活来讲还远远不足。

照片 5　在餐厅的喂食处（神奈川县 /M 氏家）
将喂食处固定在碗柜前的专用喂食台，并在喂食盘
下垫上毛巾。喂食台一定程度上减轻了狗使用时的
身体负担。

照片 6　在起居室的喂食处（东京都 /N 氏家）
将喂食处固定在起居室的沙发旁边。饮水处则在
其他位置，喂的食物是干狗粮，因此并没有做防
污措施。

**照片 7　在栅栏内的喂食处（千
叶县 /K 氏家）**
栅栏内放入浅盘，并在上面放上
喂食盘。饲主用餐时会将栅栏门
关闭。

**照片 8　在浅盘上的喂食处（东
京都 /S 氏家）**
把塑料收纳盒的盖子当做浅盘，
发挥了一定防污作用。

**照片 9　在纸尿布上的喂食处（长
野县 /K 氏家）**
吸水性很高的纸尿布，可以将
一些含水的污物吸收，更换也
很方便。

03　平面图中狗的喂食处

房间的布局会限制居住者的行动范围，同时共居的狗也会受其影响。本章通过调查介绍房间布局的利弊。调查对象多是近30年内建成的房屋，也就是说，从房屋布局角度来讲，每个房间会有预先设计好的房间名和用途。通常我们称之为"功能分化"。因生活方式发生了改变，旧的功能分化被淘汰，并有很多人将其重新区分。与狗共居的情况也是如此，饲主们会受到房屋布局的影响，被迫生活在没有自由的空间中。

例如图 2 中，狗的喂食处的固定地点就是个典型的例子。为避开居住者的行动路线，喂食处被固定在房屋一角。

在厨房里的喂食处常常如图 3，被固定在冰箱和碗柜间宽度相差的空余空间，一般的类型基本是这样。

在餐桌旁固定的喂食处如图 4，饲主可以与狗同时进餐。

在起居室内、或是栅栏中的喂食处如图 5、图 6，饲主通常会有意将喂食处远离餐厅，且经常是饲主先行用餐。饲主通常会将这一点，作为训练中的一条内容来看待。

图 7 中我们了解到，狗的活动范围占了一层的很大面积。喂食处在玄关地面，狗窝在走廊，狗的生活中心基本在玄关附近。在类似事例中，狗在屋外生活，只有吃饭时进到玄关。正如 44 页所述，饲主渐渐倾向于从室外转移到室内饲养。

二层（共 3 层）

图 2　餐厅中的喂食处（埼玉县）
典型的喂食处位置。在厨房入口处，设置了围栏防止狗随意进出。

比例尺 1:200　　图例

F　喂食处
T　厕所
S　狗窝
ST　独立空间
　活动范围

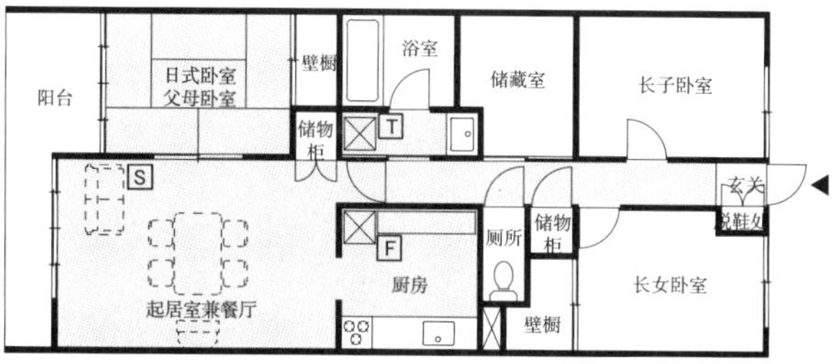

图3　厨房中的喂食处（埼玉县）

利用冰箱和碗柜间的宽度差（约 20cm），恰好可以
放下狗的喂食处。

图4　餐桌旁的喂食处（埼玉县）

居住者和狗可以同时用餐。也有把喂食盘放在餐桌
下的事例。

图5　起居室内的喂食处（东京都）

饲主有意将喂食处分开，狗在喂食处不会看到餐厅
和厨房。

图6　栅栏中的喂食处（东京都）

狗窝也在栅栏中。饲主用餐时会将栅栏门关闭。

图7　玄关地面处的喂食处（埼玉县）

狗窝在走廊，狗的生活中心在玄关附近。

04 狗厕所的位置

在我们的调查对象中，接近半数在散步途中解决狗的排泄问题，饲主并没有在家中准备犬用厕所，或是在家中准备了厕所，也不经常使用。这样的家庭中，饲主有时会为了解决狗的排泄问题，雨天也尽力带狗出去散步。此外，因狗进入老年，狗可能不能外出散步，甚至很多事例中狗会出了玄关在户外排便。

习惯于在室外排便的狗，会有在屋内无法排便的可能性，所以最初需要饲主对狗做一些训练，已达到让狗在室内可以顺利排泄。出于公共卫生问题考虑，室内排泄也是现在的主流。在这点来讲，日本可称为先进国家。

在室内基本会固定一个位置作为狗的厕所。也有些事例中，1 层和 2 层分别设置了狗厕所。在同一层若有多个狗厕所，例如多只同时饲养，或是狗在不适宜地点排泄，饲主会把这个位置选为新的狗厕所。

犬用厕所通常会被固定在起居室、餐厅，墙边的栅栏中（照片 10）、房间的角落（照片 11），或是在不影响正常生活的情况下，放在房间中央（照片 12）。固定在这些容易看到的位置的好处是，更换纸尿布时非常方便；但坏处是，在家中来客时，狗的厕所会经常进入视线当中，而且会散发出气味，不免有些尴尬，因此想要改变位置的家庭，自然是不在少数。

其次，也有很多事例中，饲主会把犬用厕所固定在走廊，因其离起居室、餐厅较近，管理起来比较方便，而且不会进入人的视线（照片 13）。但是，在宽度 75cm左右的走廊中，狗的厕所将占去一大半，人在经过时多少有些不便。

把狗的厕所固定在盥洗室的事例也有很多。盥洗室的地面采用高防水性的建材，就算排泄物污染周围的地面，清洁起来相对也容易一些。但是一般的住宅，盥洗室并不十分宽敞，居住者在使用时无疑会有不小影响。

犬用厕所固定在何处，都有利有弊，基本没有事例当中，可以确定狗厕所，不会对居住者的生活产生影响。屋内连接屋外的走廊（不是窗边的窄走廊）处，是离居住者日常生活路线较远的位置，将狗的功能场所固定在此处相对有利一些，但很多家庭并没有这样的走廊。

狗厕所的固定位置问题，此后也定会是居住课题上重要的一环。

照片 10　栅栏内的狗厕所（东京都 /G 氏家）
栅栏的功用兼作狗窝和厕所，先不说这样处理是否合理的问题，但这确实是很多家庭都在使用的方法。

照片 11　起居室一角的狗厕所（兵库县 /H 氏家）
在起居室的一角放置了浅盘，并在上面铺上吸水布，也做了一些墙壁的保护措施。

照片 12　起居室中央的狗厕所（东京都 /G 氏家）
狗厕所不是放在墙角而是设在起居室中央，不影响家具的摆放。在此处固定，是以可以周密观察到使用情况为优先的。

照片 13　在走廊处的狗厕所（东京都 /H 氏家）
木构住宅的走廊宽度多为 75cm 或 1.2m。走廊宽1.2m 以上的家庭中，如图中摆放方式的倾向较为强烈。

05　平面图中狗厕所位置

狗厕所在多数情况下，会被饲主固定在起居室和餐厅中，避开家具和电视机等的位置。狗在频繁出入二层的情况下，也有的事例中，二层也设有厕所（图8）。

图9中的狗厕所，被饲主固定在餐厅厨房中，但狗持续性地在盥洗室内排泄，饲主只得在盥洗室内铺放吸水布。在我们的调查中，有大量的事例表明，饲主会防止污染扩大，在错误排泄的位置，将吸水布铺在地上或贴在墙上。但是，这样做往往不能有效解决问题，反而使错误的排泄范围扩大。

图10中，一层和二层的盥洗室均防置了狗的厕所。其理由是地面防水性较好。

也有在走廊中设置狗厕所的事例。其好处是使用和管理的方便性，但坏处是居住者在经过时有些不便（图11）。

有些在公寓居住的饲主事例中，狗的厕所会被固定在露天阳台（图12）。但就原则上讲，阳台属于共用部分，因而此举不免有失礼节。

二层

一层

图8　一层和二层分别设置狗厕所（东京都）

一层的狗厕所被固定在起居室内明显的位置，此举有利于狗的健康及卫生的管理，但在休闲放松的场所放置狗厕所，多少有些不妥。二层的狗厕所由于没有十分满意的位置，被固定在一个不会影响到开关门的，很不自然的位置。

比例尺 1:200　图例
　　　　　　　　　F　喂食处
　　　　　　　　　T　厕所
　　　　　　　　　S　狗窝
　　　　　　　　ST　独立空间
　　　　　　　　　　活动范围

图9　屋内的多个狗厕所（东京都）
由于狗持续在盥洗室内排泄，饲主只得在盥洗室也放置狗厕所。

图10　盥洗室内的狗厕所（神奈川县）
一般地，盥洗室的地面防水性比较高，厕所周围的清洁也相对容易。

图11　走廊的狗厕所（山梨县）
将狗厕所固定在房子中央，狗不管在哪个房间使用起来都很方便，可是这个位置经常会阻碍居住者通行。

图12　露天阳台的狗厕所（神奈川县）
从使用角度讲没有什么问题的事例，但毕竟露天阳台属于共用部分，应注意。

06　狗厕所的样式选择

在家中放置狗厕所的家庭，通常会选择市面上贩卖的防水布。在我们调查的家庭中，超过半数以上的家庭，会同时使用专门的树脂制的浅盘。其中也有的家庭，会依照狗排泄时的癖好，使用带壁面形状的 L 字形厕所用浅盘（照片 14），并组合防水布，以此保护家中的墙壁。如此高效且周全的宠物用品，目前只在日本有售，而且价格便宜。

在一些没有使用这种用品的家庭中，有的家庭选择使用报纸作为狗厕所。如照片 15，饲主将报纸铺成 U 字形，可以看出饲主反复实验的痕迹。

然而，虽说因狗的种类会有差异，但可以在指定好的范围内，正常使用狗厕所的狗却意外的很少。有的狗厕所中，排泄物会溢出浅盘，污染地面和墙壁；尤其是在地面是地毯、榻榻米的家庭中，危害极其严重。为防止这种现象发生，诸多家庭中，饲主对厕所周边下了很大功夫。

也有的狗厕所，狗虽想在饲主划定范围内使用，但因身体未完全进入浅盘，排泄物洒落其周围。这种情况下，有些饲主会预先在周围铺上防水布（照片 16）。

更有事例中，饲主在地面上铺了纸尿布，但对狗的训练不够彻底，狗很难在小区域的厕所内排泄，饲主只得扩大厕所区域，几乎铺满整个屋子（照片 17）。

狗在自己家内解决排泄问题的习惯，在某些国家并没有普及。20 世纪 80 年代后半叶，使用了高吸水性聚合物制成的宠物纸尿布，一定程度上推动了宠物室内排泄习惯的普及，如今这种组合使用的狗厕所，其形式也只不过是过渡期的阶段罢了。

在考虑诸多种类的狗厕所中，将栅栏中的一部分空间，用作狗厕所这一形式，值得大家关注。幼犬的狗床、喂食处、厕所可以固定在栅栏中，待其长大之后，饲主可将狗床和喂食处移出，只留狗厕所保持在原位。栅栏在屋中的位置一旦固定，往往很难再次改变，因此，狗也会频繁地使用这样的厕所。在很多家庭中，房屋原本的功能分化，会渐渐发生变化，而与狗相关的一些功能场所，饲主往往会将其保持原位。

照片 14　L 字形的浅盘式狗厕所（埼玉县 /M 氏家）
在其周边铺上了塑料质的尿布，作为防污染的对策。

照片 15　用报纸铺成的狗厕所（东京都 /S 氏家）
在塑料袋上铺上报纸，并在墙壁垂直方向也铺上报纸，以作为防污染的对策。

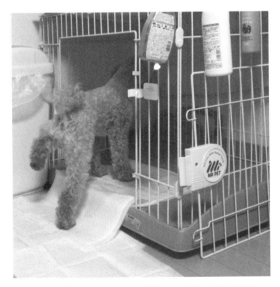

照片 16　在狗笼中的狗厕所（东京都 /N 氏家）
在作为"独立空间"使用的狗笼中，将一部分空间用作厕所。这只狗在如图所示的位置处小便，饲主只能提前在笼子入口周边铺上纸尿布。

照片 17　铺上了大量纸尿布的狗厕所（兵库县 /S 氏家）
同时饲养多只狗，导致了狗厕所的失败使用，备受困扰的饲主干脆将整个屋子，几乎铺满纸尿布，但其结果，这个屋子已经无法发挥其本来用途了。

07　狗的床

我们的调查中，饲主对于狗的床的定义，只是以狗躺卧的位置而定的，对于午休、小憩和夜间睡眠的位置并没有特定区分。因此很多家庭中，会保有两个以上的床铺位置。

狗床的位置和喂食处、厕所有些不同，通常是由狗自由选择。很多饲主也因狗每天在家睡在不同位置，很难回答哪里是固定床的位置。但也有例外，饲主训练狗，使其可以在准备好的"独立空间"——箱中休息的情况下，通常会由饲主选定床铺位置。这种情况时，饲主就有必要考虑狗和居住者的一些因素，包括不妨碍正常生活路线、让狗不会受到外界刺激等，并将其置于房间中的最佳场所。

在我们的调查中，室内饲养的 110 个家庭中，有 101 个家庭的狗在起居室或餐厅中有自己的床铺。在这些家庭中有 61 家，会把床的位置设计成独立空间，使用狗专用的床铺和小垫子（照片 18）。

除这 61 家之外，其他家庭并没有为狗准备专用床铺，例如在沙发上午休，夜间则与居住者"同床共枕"，和居住者共用一些家庭设施（照片 19）。饲主起床外出，狗在床上睡觉的情况也很常见（照片 20）。

既有这种喜欢宽敞空间的狗，也有喜欢在专用的纸箱中、矮桌或椅子下、钢琴下等，略暗且狭小空间的狗。这种差别，一部分是由犬种不同而产生，更大一部分是因为个体差异。个体差异有时会受狗性格不同而有所区别，但受周围环境的影响则更大。

由于人用的沙发和床有一定高度，狗在使用时会有一定危险，尤其对于一些年龄较高的狗来讲，这会对腿部产生巨大负担。因此在很多家庭中，饲主会训练让其不使用；或准备了狗用的坡道，便于它们更安全地使用。

狗会因环境不同选择使用不同床铺，温度是要因之一。夏天在凉爽的地面静卧，而冬天它们会选择暖和的场所。在置有被炉的家庭中，它们不时会钻进去取暖（照片 21）。

饲主在固定狗床的地点时，最好考虑到狗的体温调节因素。如在夏天须预防中暑，冬天使用宠物用暖气，因而插座的位置也很重要。

照片 18　狗小屋中的狗床（茨城县 /N 氏家）
狗蜷缩身体后刚好可以正常使用。对于喜欢狭窄场所的狗来说，是个不错的选择。

照片 19　客厅沙发上的狗床（东京都 /N 氏家）
不论白天是否有人使用，狗都会在沙发上休憩。

照片 20　居住者床上的狗床（东京都 /N 氏家）
在居住者床的中央占得一部分空间，枕头也是与人共用。

照片 21　把被炉当做狗床（茨城县 /T 氏家）
严寒冬日中，狗会钻入起居室内的被炉取暖。

08　平面图中狗的床

图 13 中，狗每天和居住者同时生活起居，午休场所在沙发上，夜间睡眠时和长女或母亲共用床铺。

图 14 ~ 图 16 中，狗在白天的休憩场所被饲主固定，位置在起居室或餐厅中，与图 13 中不同，这些空间相对独立；只有在夜间睡眠时，狗才会使用居住者卧室的空间。这种情况下，白天家中有客人时，饲主希望狗可以按照自己的指令，温顺地待在独立空间内。这三个事例和之前在 46 页中所讲述的，喂食处的规则如出一辙。

图 17 中，像这样饲主有条不紊地将栅栏，并排固定在一处的事例也有一些。虽说狗日常的活动范围相对自由，但因床铺平时固定在栅栏中，最能让狗平静的场所，自然也就只能是在栅栏中了。与之相对的，在图 18 中，在活动范围少加限制的情况下，把床铺只固定在了玄关一个位置。这个家庭中的狗常展示出，对玄关大门开关的强烈兴趣。问题则是在人出入时，狗时不时会吠叫或扑上来。若是看作其把家当做地盘，这种举动就很自然，狗只不过在履行看门的职责罢了。

图 13　共用空间的狗床（东京都）
白天的位置在起居室的沙发上，晚上的位置在人的床上。

图 14　纸箱中的狗床（东京都）
白天的位置在起居室的纸箱内，晚上的位置是日式卧室内人的床铺中。

图 16　卧室中栅栏内的狗床（东京都）

白天在起居室一角有狗的专用位置，晚上的位置是
卧室中的栅栏内。

图 15　矮桌下的狗床（埼玉县）

在起居室内的矮桌下，放上了垫子的狗床。同时保
有独立空间的功能。

图 17　起居室中栅栏内的狗床（东京都）

在这个同时饲养两只狗的家庭中，狗床被并排固定
在起居室的栅栏内。

图 18　玄关的狗床（千叶县）

白天在玄关横卧，也许不是为了休憩而是保护地盘。

09 "独立空间"的样式选择

饲主划分一片区域作为狗的安全区域，狗也经常会正常使用这片区域，我们称之为"独立空间"。这片区域多是由市面上贩卖的栅栏、狗笼、箱子等等构成。

我们调查的 119 个家庭中，有半数以上的家庭中有"独立空间"，其中 39 个家庭使用了狗栅栏（其中一家同时使用了箱子），5 个家庭使用了狗笼，7 个家庭使用了箱子。

这三种"独立空间"按形状区别的话，没有顶的栅栏如照片 22、带顶的狗笼如照片 23、根据狗体型使用的箱子如照片 24。箱子由于开口部分较少，被联想作狗的"巢穴"的设计颇多，也常常被狗用作床铺。

在大型栅栏中同时固定狗的喂食处、厕所以及床铺的设计，我们称之为一体式设计。使用这样的设计，通常是以"幼犬训练"（让幼犬作为家庭犬融入环境的训练）为前提，推测狗在长大后也会继续使用。

这种设计的利弊，我们并未专门对此展开调查，如果门打开后，饲主与宠物之间可以充分互动的话，就丝毫没有问题。但假如门经常处于关闭状态、狗的活动范围只能在栅栏内的话，就明显是令人担心的状态了。

换个说法，这种一体式的"独立空间"，建立在狗与人充分互动，且目的在于为狗提供舒适的环境之上，在住宅面积狭小的日本，可称得上是行之有效的样式之一。根据不同要求，市面上也有贩卖可以改变大小的狗栅栏（照片 25）。因此，"独立空间"样式的选择，不应单只以外观判断，同时也应顾及到饲主的种种行为，这也是之后的考察方向。

在收集"独立空间"的事例时，我们发现在很多家庭中，饲主会在栅栏或者狗笼上放置平板，板的上方用于收纳（照片 23）。就算是大型的栅栏或狗笼，其高度也有 80cm 左右，这可以看出很多家庭，希望立体角度上可以更加活用空间。这样的处理，可以当做"独立空间"设计上的细节参考。

照片 22　金属网的栅栏（东京都 /I 氏家）
日本最普及的、丙烯涂料的金属网栅栏。

照片 23　顶部放有大量物品的狗笼（东京都 /K 氏家）
有很多犬用物品装在盒子里，被饲主放置在狗笼上。

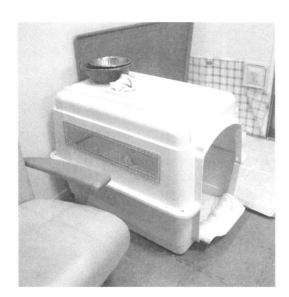

照片 24　树脂制的箱子（兵库县 /H 氏家）
巴吉度猎犬用的，大型树脂制犬用箱，箱子的门被取下。

照片 25　伸缩式狗栅栏（茨城县 /H 氏家）
栅栏可以伸缩，饲主可依照狗的成长调整大小。

10　狗的活动范围限制和围栏

在我们的调查中，室内饲养的 110 个家庭里，完全没有限制狗活动范围的家庭有 28 家。其余家庭中，饲主在各个房间用了门或围栏，来达到物理上限制的目的。我们按照其限制的目的不同，分成了两种情况：

A. 将狗的活动范围限制在小区域内，让狗时常处于饲主能够照顾到的范围内，以此为目的的限制。

B. 狗可以在屋内相对自由地活动，但存在个别房间不允许狗的进入，以此为目的的限制。

A 的情况下，狗的活动范围通常被划分在起居室或餐厅一个房间内。连间 * 的情况下是两个房间。

B 的情况下，通常是饲主根据狗的成长阶段，判断一些不适合狗进入的区域，并加以限制。例如对于狗比较危险的区域，或是将狗有可能弄坏的物品，放入一个房间中，限制其进入。

我们调查的事例中，B 的情况占主要部分，下面的部分我们围绕 B 情况的限制进行分析。

家中对于狗比较危险的区域，主要是楼梯和厨房。楼梯的攀爬可能会伤及狗的腿部及腰部，也有可能发生摔落的危险。

有些饲主选择设置围栏，来防止狗接近（照片 26 ）。关于厨房，狗可能会在垃圾箱处觅食，或食用掉在地面的食物。有些饲主也会使用围栏，防止其进入。这也是为了防止狗，在食用类似于葱这样的食材后，发生中毒的危险情况（照片 27 ）。

狗可能弄坏的物品，以日式房间为代表，房间中有榻榻米、纸质的屏风和拉门等，材质非常脆弱的部件。除此之外，各个家庭中也会有诸如佛堂、书房或卧室等，不希望狗进入的房间。也有些事例中，饲主会在保持房间中空气流通的同时，使用影响较小的围栏（照片 28 ）。

除上述事例之外，也有一些围栏被用于让狗不会扑向客人、在玄关防止狗随意出入、保护在地面上放置的电器制品等等（照片 29 ）。

狗围栏在很多家庭中都有使用，但在美感上仍有欠缺。因此，很多家庭希望，狗的围栏在设计上可以更富美感，或者会有不需要狗围栏的住宅出现。

* 连间两个房间之间以屏风或拉门相连，撤去即为一个房间，多见于日式住宅中。

照片 26 二层的楼梯处设置的狗围栏（神奈川县 / H 氏家）

狗围栏被用于让狗不会接近楼梯。

照片 27 厨房入口处设置的狗围栏（兵库县 /H 氏家）

使用压力支撑杆制成的狗围栏，这种人可以从上方跨过的设计，经常可以见到。

照片 28 卧室入口处设置的狗围栏（神奈川县 /M 氏家）

用栅栏的常用组件制成的狗围栏。

照片 29 电器制品周围设置的狗围栏（东京都 /G 氏家）

用金属网围住不想被狗触碰的电器物品等。

11　狗的问题行为与住居

　　"问题行为"的定义是因人而异的,我们在这里主要介绍数量最多的三种困扰着人们的问题行为——"破坏行为"、"过度吠叫"以及"不正当位置排泄"。

　　"破坏行为"的对象主要是门、纱窗、拉门、榻榻米、家具的脚、电线等,这些物品都处于容易被狗咬到范围内。饲主或是将这些物品移走,或是使用板状物或围栏,围住无法移动的物品(照片 30 和照片 32)。关于电线的处理,很少有饲主会使用市面上贩卖的电线套皮或者保护模具,而是用身边的材料进行应急处理。也就是说,多数家庭的处理方式,只停留在临时的处置。

　　"过度吠叫"的对象主要是客人、窗外能看到的动物、家周围经过的车辆;且不局限于视觉上的刺激,声音的影响引发的"过度吠叫"也很常见。狗对窗外事物异常敏感的家庭中,饲主只得将防雨窗长时间关闭,忍受恶劣的居住环境(照片 33)。

　　引发"过度吠叫"的声音,包括室外消防车、警车的警笛声,室内的洗衣机、吸尘器等机械发出的噪声。尤其是内线电话的声音,就算查明电波来源,也无法使用一些有效的措施。

　　"不正当位置排泄"的事例中,不少饲主在除厕所外的,狗经常排泄的位置,也铺上了纸尿布(照片 34)。像一些狗喜欢在窗帘处排泄的家庭,饲主只得将窗帘下摆系起,窗帘失去了原本的作用(照片 31)。

　　这里举出的种种"问题行为"的例子,我们认为并不是因为这些动物,脱离了原本的行为模式,而是狗在和人类居住时,发生的种种不便。其中的很多事例,主要原因是在狗融入人类社会时,训练不够充分;当然,日式住宅使用的建材材质脆弱,也是原因之一。欲达到最理想的状态,需要饲主不断丰富饲养知识、通过训练及设计,控制外界的刺激、使用较为坚韧的建材,应对狗的破坏行为等等。

照片 30　栅栏上方使用的盖子（栃木县 /N 氏家）

衣服收纳的位置，在栅栏内的狗可以触碰到，饲主用瓦楞纸盖在栅栏上方。

照片 31　下摆被系起的窗帘（东京都 /S 氏家）

狗常在窗帘处排泄，饲主只得将窗帘系起。窗帘原有的遮光性、隔热性就无法发挥出来了。

照片 32　藏起来的电线（东京都 /I 氏家）

在栅栏后面，饲主用瓦楞纸将电线隐藏起来。

照片 33　长时间关闭的防雨窗（东京都 /K 氏家）

狗常对屋外行人吠叫，防雨窗长时间关闭。

照片 34　失败的厕所位置（东京都 /K 氏家）

厕所位置固定失败后，饲主将纸尿布铺在收纳家具前，收纳家具无法使用。

12　狗没有问题行为的房子布局

对于"问题行为"的认识，往往会存在不同的个人差和地区差。前面所列举的种种问题行为，也许很多饲主不会认同。

一些家庭中，多数时间狗都被关在栅栏里，这种家庭往往不存在狗问题行为。也是因为家中不会受到除狗的吠叫之外的负面影响。但是在这种情况下，就与和狗的理想的共同生活相去甚远。邻里之间，如果在晚上开扬声器播放大音量的音乐，也不会有人抱怨的话，在对于"过度吠叫"的处理上，饲主可以对其置之不理。

本节介绍的事例，是以此为前提的、在某种程度上，人口密度较小地区的、且没有问题行为发生的家庭。

图 19 和图 20 中，狗的活动范围被限定在 1 个房间、或连间的两个房间中，正是 62 页所述的 A 情况。这种情况下，即使发生问题，也基本不会殃及其他房间，而且狗和居住者在起居室内，一起度过的时间也会很充裕。看家和来客人时，狗会呆在"独立空间"内，以在必要时通过限制活动范围，来回避问题行为的发生。这也称得上是"独立训练"的成果。

图 21 中，在家中特设了和起居室相连的狗的房间，狗的种类是金毛寻回猎犬。由于有宽敞的院子，狗的房间为了保持和庭院的关联性，户内为穿鞋使用的空间。这种情况下，家庭不存在狗的任何问题行为，其中地盘意识过强的表现也包括在内。像日本这样，在家中不穿鞋生活的住宅中，此举考虑了中、大型犬的生活方式，可见饲主丰富的知识和饲养经验。

在我们的调查中，没有限制活动范围的前提下，只有一个家庭的狗没有问题行为（图 22）。狗的种类是迷你猎肠犬，饲主平常会在家照顾狗。散步一日三次，排泄问题在屋外解决。

因此我们可以得出：避免狗问题行为的诀窍是，适当限制其活动范围、饲主在狗身上花费充足时间（训练时间）、充裕的散步和运动。这也是非常常识性的结论。

比例尺 1:200　图例
F　喂食处
T　厕所
S　狗窝
ST　独立空间
　　活动范围

图 19　把活动范围限制在一个房间内（东京都）

狗的活动范围被限制在一个日式房间内。看家时在独立空间中，此外则在房间中自由活动。

图 20　把活动范围限制在两个房间内（千叶县）

狗可以自由地在起居室和日式房间活动。起居室内的栅栏没有设置门。

图 21　家中单独有狗的房间（千叶县）

在起居室的窗外增建的、地面是三合土的狗的房间，狗的种类是金毛寻回猎犬。狗可以不经过屋内直接进入庭院。

图 22　饲主经常在家的事例（千叶县）

饲主在屋内没有对狗的活动范围加以限制，且经常在家中，每天会和狗外出散步三次。

13　猫的完全室内饲养和住居

出于猫的安全和健康角度考虑，让猫不出家门的"完全室内饲养"，已成为大都市的主流。这种形式可以有效避免猫的交通事故、干扰近邻生活，以及和其他猫接触被传染疾病等现象发生，可谓大有裨益。关于猫的实地调查成果，我们会选出一些完全室内饲养的家庭进行展示。

多数饲主的家庭中，关于猫的厕所和喂食处，饲主会选择与狗相同的处理措施，所产生的问题也是极其类似的。但这只不过是，在一般性住宅的布局中，饲主没有办法找到更好的方法罢了。就像一些细微的差别，如果给猫喂食时，采用一直等到猫吃完全部食物，再继续喂食的方法，房间中很有可能会充斥着猫粮的味道（照片35）；多只饲养的情况下，厕所数量依只数而定，相应所占面积也会变大（照片36）。

不过说到床铺，或是猫喜欢停留的场所，和狗相比就相差很大。有的猫喜欢高位置的床铺（照片37）、有的猫粘人、有的猫喜欢狭小的箱子、还有的喜欢在窗边望向窗外等等，这也会因心情和时间因素而改变。在多只饲养的情况下，猫可能会把喜欢停留的位置，依照时间和外界刺激

不同共享或交换。这大概是在同居的猫中，有着一定规则的缘故。

对于猫的活动范围限制，比狗的情况更为复杂。相比在地面活动的狗，对于猫饲主则需要考虑其垂直方向的活动。猫的活动范围限制在一般性住宅中，是非常难做到的事情。

"完全室内饲养情况下，猫的问题行为会根据一定空间中，猫的只数（个体密度）而改变。"这是由猫研究的第一人——保罗·莱豪森博士[*]提出的。一旦猫的个体密度超过某个数值，就极有可能引发不合适位置排泄、破坏行为等，对于十分明显的问题行为。在居住面积较小的住宅中、多只饲养的情况下，饲主很有必要控制猫的个体密度，将空间立体化运用。加之日本住宅建材十分脆弱，非常容易被破坏。尤其是家中的拉门和屏风（照片38）。

猫的完全室内饲养历史短暂，也正因为如此，遭到猫破坏的房子数量，远远超出我们的想像。

[*] 保罗·莱豪森博士（1916～1998）：德国动物学家和行为学家。毕业于波恩大学，曾在波恩大学动物心理研究所任讲师。著有《猫的行为学》、《猫的灵魂——存在于社会行为》等书。

照片 35　在餐厅固定的猫的喂食处（福冈县 /S 氏家）

和狗的喂食处一样，摆在餐厅的厨房附近的猫的喂食处。记号的痕迹清晰可见。

照片 36　按猫只数并排放置的猫厕所（神奈川县 /N氏家）

各种浅盘形或箱形的，可以在市面上购买到的猫厕所，喜欢使用的形状依猫而定。但应对猫在排泄后耙猫砂的行为，做出一些对策。

照片 37　碗柜上固定的猫床（千叶县 /S 氏家）

高约 1.8m 的碗柜上，铺上了毛毯和垫子制成的猫床。墙壁上安装了爬架，供猫爬至此处。

照片 38　被猫抓坏的拉门（兵库县 /H 氏家）

拉门被猫抓得不堪入目，比起狗猫抓的损害更大。

14　饲主独特的处理方式

经过实地考察，我们看到在很多家庭中，饲主为了理想地和宠物共居，使用了各式各样独特的处理方式。这里介绍的方式，都是饲主冥思苦想的结果，也许可以成为设计的参考。

照片 39 中，饲主用牛奶盒制成狗围栏。市面上贩卖的狗围栏，没有符合家中楼梯的尺寸，于是饲主自行制作了一个。其使用方法也十分简单，居住者通过时单手将围栏拿起，之后再放回原处即可，并不需要使用时留出空余位置。从重量上考虑，可以称得上是超越了以往所有狗围栏的设计。

照片 40 中，饲主专门增设了狗的衣服挂杆。此处本是挂窗帘的位置，可见在饲主心中，两者的价值和重要性已经发生了改变。窗帘的挂杆也直接用来当做狗的衣服挂杆。

让狗穿衣服的习惯已经渐渐普遍，作用也从之前的防排泄、防脱毛以及防寒等实用层面，拓展到打扮或装饰性的，让饲主也能乐在其中的层面。当然，饲主的喜悦是狗的喜悦之所在。因此，狗的衣服数量有时会超出饲主的想像。但在一般性住宅中，很少会有收纳它们的场所。

在人用的厕所里放置宠物用厕所，一直都是很盛行的做法，这样处理清扫起来也十分方便。但是，这样的家庭中，饲主往往不得不将厕所门半开。照片 41 中，饲主在门旁边安装了一个供宠物通过的门。

猫在完全室内饲养的环境下，总是会觉得无聊。尤其在多只饲养的情况下，随处可见饲主所下的功夫。或有将市面上能够购买到的爬架组合拼装的，或有用多个色彩鲜艳的盒子组成楼梯的，也有自己制作攀爬设施的。照片 42 中，就是饲主自行制作的攀爬设施。

在这些自行制作工具来改善饲养环境的事例中，不免有些饲主会抱怨其耐久性较差。其实话说回来，市面上能够购买到的产品，往往耐久性也令人担忧。因此很多饲主，也开始从房屋建造和家具安装方面入手，希望能够制作更为坚固的设施。

照片 39　用牛奶盒制成的狗围栏（埼玉县 /S 氏家）
用空的牛奶盒制作而成的围栏。有效防止狗的通过，并不会影响人的行动。

照片 40　用压力支撑杆制成的狗的衣服挂杆（东京都 /K 氏家）
之前挂窗帘的杆直接用作狗的衣服挂杆。

照片 41　人用厕所内的猫厕所（福冈县 /S 氏家）
在人用厕所内放置的猫厕所，在门旁边专门为猫开了一个小洞。

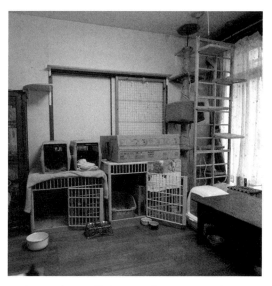

照片 42　自制的攀爬设施（福冈县 /S 氏家）
在起居室内，饲主安装了大量供猫攀爬的设施。由市面上贩卖的爬架和自制的拼装而成。

第 3 章

和宠物共同生活的细部设计

　　如果不细致入微地考虑各种细节的设计，则无法达到理想的"和宠物共同生活"的目的。而在大多数普通的住宅中，远远达不到这种目的的原因，恰恰是因为这些住宅中，缺少一些细节的支持。而经常关注细节的职业病，恐怕只有像作者一样，经常从事于设计的人才会有，因为杂七杂八的设计，很难成为维系使用者日常生活的支柱。

　　何况在其中，再加上"和宠物共居"这一因素了。光是人的话还可以忍受的考虑不足的部分、装修时偷工减料的部分，这些问题都会在住宅使用的早期体现出来。仅人居住的话，一些细小的裂缝有时十年也不会被发现；但猫狗一旦发现，这些裂缝便会被扩张到很容易发现的大小，易于破坏的部分就更不用提。往往很多饲主，会刻意隐瞒猫狗在家中的破坏倾向，建筑人士便少有知晓，这使得设计的不完善难免重蹈覆辙。但至少饲主可以选择不使用，成品的门和护壁板（踢脚线），而是做一些细致的、可以设计的木工活，制作

照片 1 Cat's Room；Central

三个家庭共用的，预定平均含有 36 只猫同时聚集的"猫的房间"。设定个体密度的极限值为 3 ㎡ / 只，极力回避了因密度过大导致的紧张状态。从顶棚吊下来的"浮动板"的设计灵活运用了整个空间，使猫都有立足之地（第 93 页详细图）。

一些益于日常生活的建材。

将这些具有进步意义的尝试——"行为学设计"带入家中，需要饲主有创新精神。换句话说，与宠物共生的住宅，是考验建筑师和施工者能力的，新型建筑类型。当然，考虑了猫和狗的需求和习惯，设计出前所未见的设计，无疑是一件具有乐趣和创造性的事情。本章中将会介绍大量历经反复试验的细节，其中包括第 2 章中提及的自行制作的实例。

01　厨房用狗围栏

在与狗共同生活的家中，饲主们经常会想要一些使用轻便的设计，在本节作者将会介绍两种狗围栏的设计来满足这一要求。现在，可临时拆卸式的"腰高半开门"渐渐作为商品普及，并有了不同的样式。

在使用"腰高半开门"的时候，如果狗在身边，容易造成不便的状况。使用"拉门式"的狗围栏（图1、照片2），可对这一点有很好的改善。这种围栏在开关门时，不需要预留门的空间，使得饲主可以选择尽量小的动作进出。

另外一种围栏是"上下分离式半开门"（图2、照片3），如果饲主在日常生活中经常进出厨房，这种不易损坏的围栏是很好的选择。其下部门一直关闭，人只需抬脚迈过即可。

这些设计均是永久性的建造工程。像门一样开关，并要考虑到狗的体重因素等复杂情况，这些设计不能很简单地制作出来。

细节要点：

·在决定门的做法之前，不妨想象一下想

照片2　拉门式狗围栏

要将门打开的狗。门很容易被划伤的话可以使用透明涂料，或比较容易修复的颜色。特别是对于一些喜欢乱抓乱挠的狗，饲主可以在门的下方增加一块木板增厚，做成拼框门。

·注意狗的前爪可以碰到的高度。门上端的金属框，很容易禁受不住狗的体重被弄坏，饲主可能会需要合叶和螺丝将门板固定。

关联页码：第22页、第62页

单位 mm

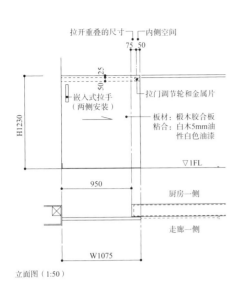

拉开重叠的尺寸　内侧空间
75　50

嵌入式拉手
（两侧安装）

拉门调节轮和金属片

板材：椴木胶合板
粘合：白木5mm油
性白色油漆

▽1FL

H1230

950　　厨房一侧

走廊一侧

W1075

立面图（1:50）

图1　拉门式围栏

可拆卸式上框和金属片位置（1:10）

36

可拆卸式上框36×25

四个销子

可拆卸式上框36×25

四个销子

拉门调节轮

50　25
1205
H1230

36

▽1FL

剖面图（1:10）

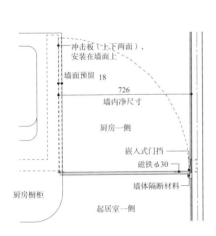

冲击板（上下两面），
安装在墙面上

墙面预留　18

726
墙内净尺寸

厨房一侧

嵌入式门挡

磁铁φ30

墙体隔断材料

厨房橱柜

起居室一侧

平面图（1:20）

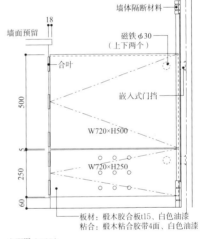

墙体隔断材料

墙面预留　18

磁铁φ30
（上下两个）

合叶

嵌入式门挡

W720×H500

500

5

嵌入式门挡

W720×H250

250

60

板材：椴木胶合板t15、白色油漆
粘合：椴木粘合胶带4面、白色油漆

立面图（1:20）

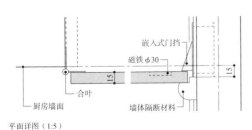

嵌入式门挡

磁铁φ30

15

15

合叶

厨房墙面

墙体隔断材料

平面详图（1:5）

图2　上下分离式半开门

照片3　上下分离式半开门
可以根据使用情况，关闭下半门
或全部关闭。

02　围栏兼用门

围栏在家中主要有两种使用形态：第一种，是在没有门的场所，饲主希望规划出一片不让狗随意出入的区域，而新建一个围栏，像厨房的、楼梯处防止跌落的、玄关处防止狗突然跳出的围栏等；另一种，是在原本有门的场所，将门关闭可以达到使用目的，但通风效果和房间开放感不足，饲主将原有的门进行改造，像日式房间中的纸拉门、起居室的门等。拉门改造的实例中不少饲主是将腰高的木板插在纸拉门中做成围栏。也有饲主选择在起居室的门上安装围栏。但这两种做法都很不体面。为满足"想要室内通风"的需求，我们设计出了"围栏兼用门"（图3、照片4~6）。这种门既可以像普通门一样使用，又可以将中间的锁打开，只开放腰部以上部分用于通风。

照片4　围栏兼用门

虽是不太常见的形式，但在夏季通风效果显著。

细节要点：

·上下门连接处用的锁，如果考虑故障和调节最少的形式，作者推荐使用最原始的门栓。

·在上下门关闭时，中间重合的部分，作者推荐使用企口拼接加工。

关联页面 第62页

单位 mm

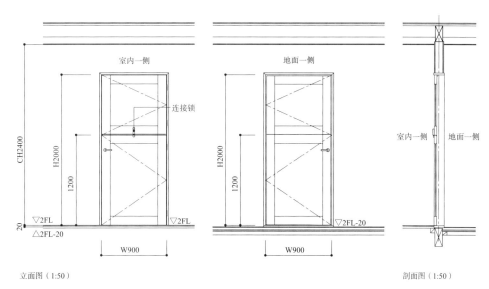

室内一侧

地面一侧

连接锁

CH2400

H2000

1200

▽2FL
20
△2FL-20

室内一侧　地面一侧

H2000

1200

▽2FL

▽2FL-20

W900

W900

立面图（1:50）

剖面图（1:50）

图3　围栏兼用门

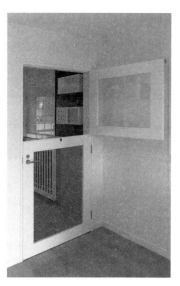

照片5　上下门结合时
平常使用时，可以将上下门用锁
固定结合，与普通门无异。

照片6　上下门分开时
将锁打开时，可以只将上半门打开，
带门把手的下半门成为狗围栏。

03　双层吊轨推拉门

第 74 页、第 76 页所列举围栏的形状，基本是由高 1200mm 的板状物阻止狗随意通过，就室内装饰性来讲，饲主亦可选择格子门。格子门具有通风性良好、视野通透性强等特点，自古以来不论室内室外，都经常被作为狗围栏的素材使用。但若格子之间的间距弄错就会造成严重的后果，这也是我们需要注意的一点。以铝为材质的情况也是同样。

假如用 15mm 方形木条组装成净空 80mm×80mm 的格子，不仅吉娃娃可以轻松穿过，部分犬种甚至可能将其咬断。因此，用 15mm 方形木条时，组装成净空 30mm×30mm 的格子较为妥当（照片 7），这种尺寸养狗养猫都不会有太大问题。

格子的修理较为困难，尤其是在追求装饰性的情况时，格子可能会被宠物抓挠得面目全非，饲主可选择使用很厚实的原木，做成最下方的木板（图 4、照片 8~9）。不会被弄坏而只是被抓伤的话，勉强可以算圆满解决。

细节要点

·15mm 方形木条以 45mm 间距组成的格子

照片 7　格子推拉门狗围栏

门，在日式、西式家庭中都能很好地融入环境。只停留在图纸上的话，可能会有些难以看清，应该给顾客展示实物门。

·如图，不仅限于格子门，在起居室中安装吊轨门时，最好使用"气密装置"。使用"气密装置"的话，门与地面之间的空隙，很少会夹掉宠物的毛发。这些毛发通常会散布于屋中各处，略加对策就会有很大效果。

关联页面：第 11 页、第 62 页

单位 mm

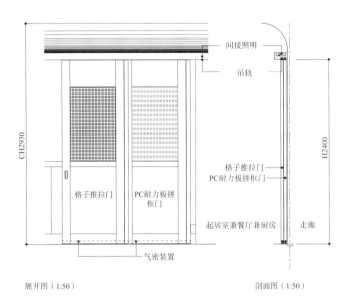

展开图（1:50）   剖面图（1:50）

间接照明
吊轨
格子推拉门
PC耐力板拼框门
起居室兼餐厅兼厨房
走廊
CH2930
H2400
格子推拉门
PC耐力板拼框门
气密装置

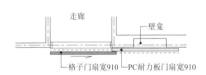

走廊
壁龛
格子门扇宽910   PC耐力板门扇宽910

起居室兼餐厅兼厨房

平面图（1:50）

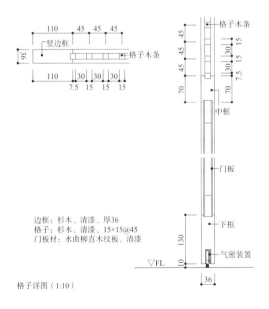

竖边框
格子木条
格子木条
中框
门板
下框
气密装置
▽FL

边框：杉木、清漆、厚36
格子：杉木、清漆、15×15@45
门板材：水曲柳直木纹板、清漆

格子详图（1:10）

图4　双层吊轨推拉门（格子推拉门和 PC 耐力板拼框门）

照片 8　格子推拉门和 PC 耐力板拼框门重叠时

在不需要通风的季节，可将两门重叠使用。

照片 9 格子推拉门单独关闭时

房间通风时，可单独将格子推拉门关闭。

04　中、大型犬用室内狗小屋

很多人心中可能会认为，专门为狗制造一个房间是非常奢侈的。既然是狗的房间，就没有必要按照建筑法规房间净高应高于2.1m；只要将高度设定在1.4m——人弯腰清扫时不会感到不适的高度即可。因此，狗小屋顶部的空间仍可以加以利用。

图5和照片10~11中，在约两张榻榻米（约3m²）的室内狗小屋的顶部，建成了儿童用的房间。入口处的拉门经常保持打开状态，儿童可以在上方看到想要和他一起玩耍的狗。厅有很高的顶棚，上下两层均面向此处。像这样的场景和结构，在用地面积较小的家庭中也可实现，称得上是与狗共同生活中的精彩部分。除此之外，在设立狗小屋之前，建议饲主认真地考虑一下"狗的一生"：融入社会的阶段、分娩的阶段、如何精心照料等，需要饲主顾及到，并在小屋内做好相应的设计。从这层意义上来讲，或许不应该叫它"狗小屋"，而是"狗的房间"。

细节要点：

·在狗小屋的内部，若以全部用水冲洗为

照片10　室内狗小屋

前提，瓷砖的基底用的减震木板等材料，在屋外的空间也需采用同样材料。入口处使用了铝制竖格门替代玻璃门。

·室内狗小屋的墙上，如果要安装可以看到相邻房间的观察窗，不要以人的视线高度，而应以狗的视线高度作为设置基准。在较低位置为狗设置的观察窗，在图中称之为"狗窗"。

关联页面：第13页、第56页、第60页

单位 mm

照片 11　狗小屋和儿童用阁楼

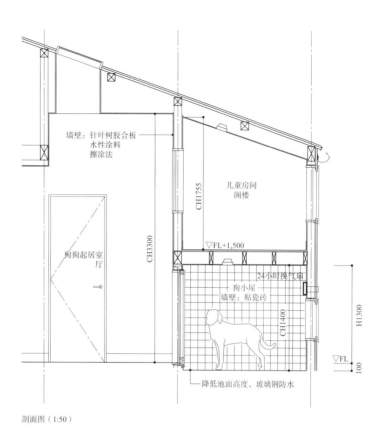

墙壁：针叶树胶合板
水性涂料
擦涂法

儿童房间
阁楼

CH1755

CH3300

▽FL+1,500

狗狗起居室·
厅

24小时换气扇

狗小屋
墙壁：贴瓷砖

CH1400

H1300

▽FL

100

降低地面高度，玻璃钢防水

剖面图（1:50）

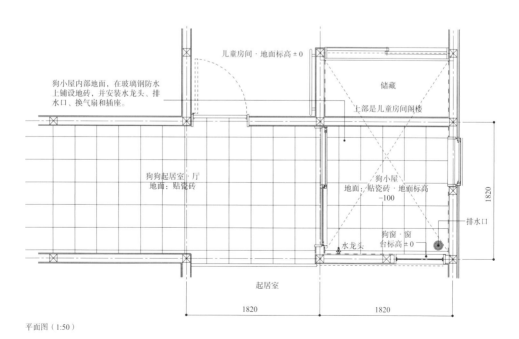

儿童房间·地面标高±0

狗小屋内部地面，在玻璃钢防水
上铺设地砖，并安装水龙头、排
水口、换气扇和插座。

储藏

上部是儿童房间阁楼

狗狗起居室·厅
地面：贴瓷砖

狗小屋
地面：贴瓷砖·地面标高
－100

1820

排水口

水龙头

狗窗·窗
台标高±0

起居室

1820

1820

平面图（1:50）

图 5　室内狗小屋详图

81

05　小型犬用室内狗小屋

图中开敞式书房空间，是楼梯平台扩建形成的夹层部分，在夹层下建成了狗小屋（图6、照片12）。主体是跃层的结构，其构想同第80页所述，将完全防水的室内狗小屋上方的空间，充分立体运用。

一体式的狗小屋，入口处的格子门经常开放，小屋的作用并不是将狗关住，而是为了给狗创造一个安全空间。图中的事例，狗小屋内居住的是一大一小两只迷你腊肠犬，因此狗小屋并不需要很大的面积。故遵照木结构住宅的模数尺寸，以轴线1365mm×1365mm确定了房间的大小。

一般角度来讲，将楼梯下建成狗的住处，对饲主来说是一种恶性的"条件作用"。虽说本应避免这种状况发生，但也不能一概而论。只要多加注意第4章中所提及的"三种行为的偶然性"，再谨慎设计的话，就完全可以避免不必要的事件发生。具体来说，饲主有必要知道将哪些狗与人之间的行为用刺激进行强化，这一点非常重要。

细节要点：

·与狗共同生活的空间中，尽量不要出现

照片12　利用跃层建成的室内狗小屋

水平高度差，但狗小屋内的地面若要做防水处理，就不得不将地面高度降低，低于周围高度。养腊肠犬的情况下，最大降低高度不能超过15cm；对于老龄犬来说，饲主有必要设计坡道方便其行动。

·在设计排水口时，就算设计了回水弯，也要尽量避免管道在中间与污水管合流。

关联页面：第13页、第56页、第60页、第80页、第114页

单位 mm

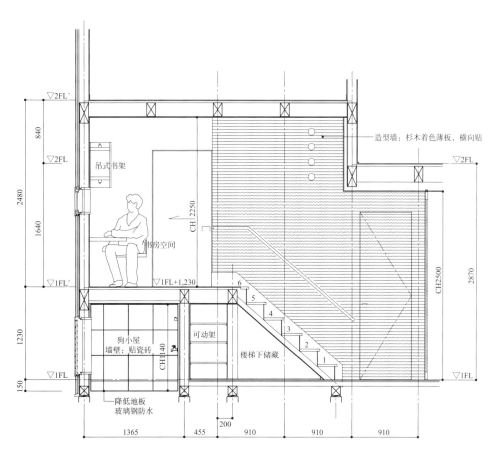

造型墙：杉木着色薄板，横向贴

吊式书架

CH 2250

储房空间

狗小屋
墙壁：贴瓷砖

CH1140

可动架

楼梯下储藏

降低地板
玻璃钢防水

剖面图（1:50）

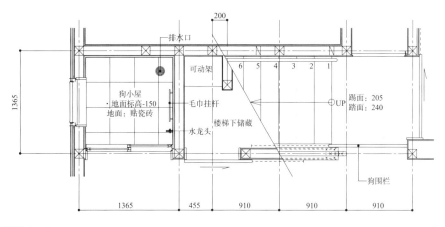

排水口

可动架

狗小屋
地面标高-150
地面：贴瓷砖

毛巾挂杆

水龙头

楼梯下储藏

踢面：205
踏面：240

狗围栏

平面图（1:50）

图6　室内狗小屋详图

06　小型犬用内置箱式家具

内置箱体的家具，是以全效利用家中空闲空间的，非常有价值的家具。液压阻尼器制成的柜门开关装置，经常在装修时也会用到，其需要精度较高的设计和安装。

本节介绍的箱式家具，包括抽屉式箱式家具（图7、照片14～15）和箱式长椅（图8、照片13），其共同特征是没有底板。不使用底板，就不会使地面出现高度差，对狗而言就不会有行动障碍。此外，脚掌感受到的地面的触感，到床上也不会间断的感觉，对人来说可能十分微乎其微，但对宠物而言则十分重要。

被称为"犬用家具"的箱式家具，如果不是恰合狗的体型大小制作的话，狗很难会喜欢使用。但最大的难点是家具设计的位置。饲主很有必要在设计之前，预先推测使用家具时，狗的视野和人的行动路线，进而选择一个狗可以安心使用，且不会影响到居住者生活的位置进行设计安装。

细节要点：

·这种没有底板的箱式家具省略了底轮的设计，因此饲主要考虑到设计是与护壁板

照片 13　箱式长椅

（踢脚线）的位置冲突，可将背板依护壁板突出向内推移。

·使用宠物用电热毯时，图7的情况下可以在背板处挖一个插头的洞；图8的情况下可以配合底部的小轮，将整个家具搬离地面，不需要接线空间。

关联页面：第 16 页、第 20 页、第 60 页

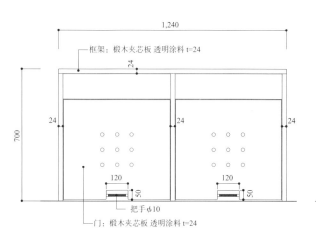

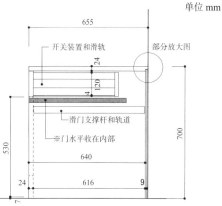

框架：椴木夹芯板 透明涂料 t=24

24

1,240

700

24

24

24

120

50

把手φ10

门：椴木夹芯板 透明涂料 t=24

展开图（1:20）

开关装置和滑轨

24

120

4

655

部分放大图

滑门支撑杆和轨道

※门水平收在内部

530

640

24

616

9

7

700

剖面图（1:20）

图7　抽屉式箱式家具详图

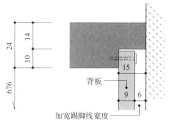

24

14

10

676

15

背板

9

6

加宽踢脚线宽度

部分放大图（1:2）

照片14　滑门的轨道部分

通过金属轨道的调整，可省去开门的预留空间。

照片15　抽屉式箱式家具

不安装底板就没有水平高度差，清扫起来较为方便。通常门会处于打开状态使用。

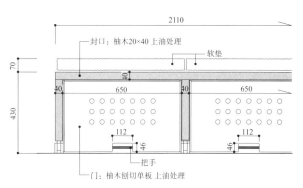

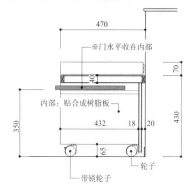

2110

封口：柚木20×40 上油处理

软垫

70

40

650

40

650

430

112

46

112

46

把手

门：柚木刨切单板 上油处理

展开图（1:20）

470

※门水平收在内部

70

40

内部：贴合成树脂板

350

432

18

20

430

65

带锁轮子

轮子

展开图（1:20）

图8　箱式长椅详图

85

07　中型犬用箱式家具

关于犬用功能一体式家具，读者可查阅第18页的具体功能说明，本节主要进行家具详图的补充说明。

首先，图中作为箱体的"宠物航空箱"，是美国 Petmate 公司销售的箱体载具（统称航空箱）。因其可将宠物通过航空运输、价格低廉，在日本被广泛使用。在考虑如何不会让狗产生压力、并可以最小限度压缩空间的设计时，这种航空箱的规格可供参考。由于不同情况因素，本节中所介绍的，利用航空箱制成的独立空间，也可当做选择之一。

图中的狗厕所，是在家具内部制造 2cm 左右的高度差，这样可以方便狗使用时，把握自己身体的位置，对于躯体较长的狗来说尤其有效。厕所如果不干净，狗可能会不愿使用，饲主可以选择易于全扇打开清扫的、节省空间的门类型，但这需要饲主慎重挑选门的合叶等连接部品。此外，饲主可安装换气扇排出厕所臭气，但需要找到易于安装使用的位置。如果是公寓等钢筋混凝土结构的建筑，饲主可以选择在套管孔的附近设计安装家具。

照片 16　中型犬用箱式家具

细节要点：

·家具柜门使用了与一些衣柜门类似的折叠门。而通常折叠门必要的下轨道，由于很有可能淋到狗的尿液，不宜在狗厕所附近使用，故在图 9 事例中的使用的，折叠门的装置是无下轨的、Sugatsune 公司生产的金属连接框架。

·中部喂食处的地面，由于狗粮和水洒落频繁，饲主可以使用与家具纹理相近的塑料垫板，并在保持可替换状态同时，减小与家具之间空隙、准备多余的垫板用于替换。

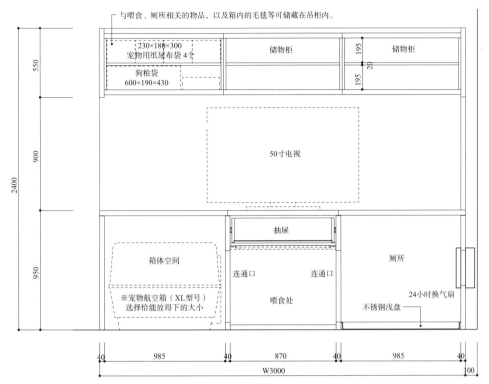

剖面图（1:30）

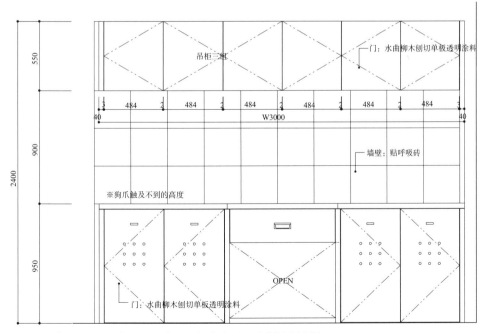

平常时门处于关闭状态，狗可以从中间的喂食处部分，进入左侧箱体和右侧厕所。

展开图（1:30）

图9　中型犬用箱式家具详图

08　宠物用设备

易于与狗共同生活的建筑，本是建筑师根据饲主的需求意见而设计的，不同于其他一般建筑的个别设计，却在如今已经成为"与宠物共生的住宅"中，一些"便利设备"的代名词。

其中很具代表性的，在玄关处设置的狗的洗脚处。不过，其能够使用到的情况，大概只有在地面有淤泥的路线散步之后；且小型犬的话，只要用水沾湿毛巾擦拭即可。这种洗脚处，通常是将陶瓷制的长方形水槽嵌入地面的设计（照片17）。

此外，例如在家中给宠物使用沐浴露时，通常会用到浴室，但仍会手忙脚乱。故在有些事例中，饲主自制了宠物的美容桌（图10～11、照片18～19）。

宠物用的设备通常实用性很高，但并不能单单凭此，就可以简单舒适地与宠物共同生活。"与宠物共生的住宅"的发展是阶段性的，本节所介绍的设备，不过是初露头角。

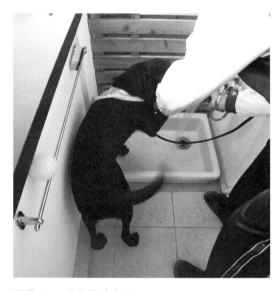

照片17　玄关的洗脚处

细节要点：

·图10中的美容台，是饲主向不锈钢厨柜厂商预订的、符合厂商尺寸的、只有框架的设计。其中水槽的深度因标准尺寸22cm过浅，饲主特别定制了35cm的水槽。

·图11中的水槽台，学名叫"实验室水槽台"。

单位 mm

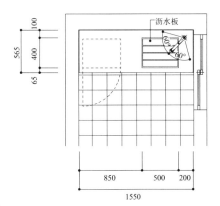

平面图（1:50）

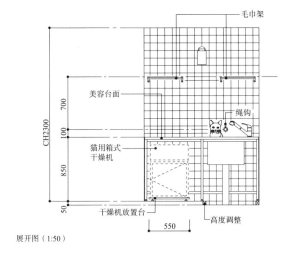

展开图（1:50）

图 10　美容室和猫用美容桌

照片 18　猫用宠物美容桌
框架是不锈钢制、桌面是实木柚木板的美容桌。多只猫同时饲养时，洗澡后的烘干作业非常繁重，饲主选择了市面上贩卖的箱式干燥机组合使用。放置美容桌的房间原本是浴室，瓷砖表面有涂层保护，故饲主选择此处改装成了美容室。

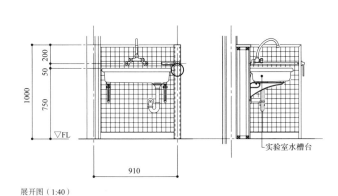

展开图（1:40）

图 11　使用实验室水槽的洗面台

照片 19　实验室水槽台
底面平坦的水槽台易于给小型犬洗脚。

89

09　利用房梁制成猫用小道

自古以来的木结构框架组合中，屋顶里的小房梁多是以91cm为间隔平行排列。顶层通常作为阁楼来使用，但少有作为猫的活动场所使用的。说来简单，只要将顶棚高度提升、房梁裸露，并设计猫可以爬上去路线即可。本节中介绍的是非直线的猫用小道，运用之字形设计，减缓年龄较小猫的步行速度的设计（图12、照片20～21）。这种设计也是出于对步履蹒跚的、年龄较大的猫自尊心的考虑。这种考虑尤其在多只同时饲养的家庭中尤为重要。

猫用小道的两端，连接的是带有窗户的、视野良好的猫用阁楼，小道作为连接的道路，可充分被猫使用。像这种构造上活用的设计，需要饲主精心考虑。

有通高空间的起居室设在一层时，饲主可结合通高空间设计房梁。

本节中介绍的猫用小道的设计，具体使用可结合一下网址。猫的一举一动都可以看得十分清晰。

网址：http://www.catshouse.jp/

细节要点：

·普通宽幅在105mm左右的房梁上，猫是

照片20　之字形猫用小道

可以安心行走的。但这样单纯地设计有些表现力不足，且两只猫相会时错身空间亦不足，故饲主可选择在梁上加装宽20cm左右的木板。

·使设计富有美感的细节之一：不是将木板直接装于梁上，而是在两者之间夹45mm高的木材，让人从下向上看时可以看到缝隙，有一种木板浮在空中的感觉。

关联页面：第28页、第30页、第40页、第96页

照片 21　小屋梁上的之字形猫用小道

图为从猫用小道高度，看向猫用阁楼 1 的画面。

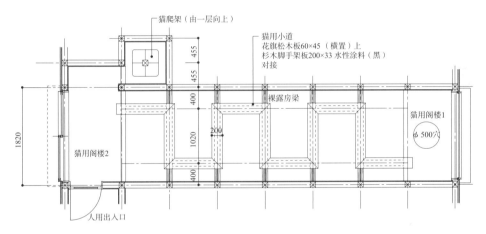

平面图（1:70）

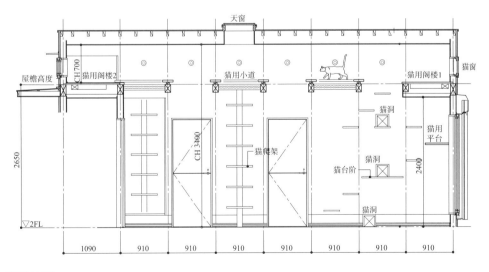

展开图（1:70）

图 12　猫用小道详图

10　自顶棚垂下的猫用小道

关于猫用小道的制作，除了第90、91页介绍的、利用房梁做成方法之外，还有沿墙壁安装长板等各种方法，其中市面上贩卖的，托架式三角形支架使用起来十分简单。

可惜若是自己制作还好，但从职业设计者的角度来看，裸露支架的设计实难登大雅之堂，所以推荐饲主可以使用组装支架的设计。

这里介绍的设计中，使用了经常能在施工时见到的"螺纹杆"。将其与一些透明的材料组合，并结实地挂在顶棚上，制成了这种实用而不失美感的家具。下吊长2m左右的细长型木板的情况，我们称之为猫用小道；图中下吊80cm左右长度的多层木板，我们称之为"浮板"（图13、照片22～23）。

这种设计相比于使用三角形支架的设计，高度调整较为容易。这使得饲主可以依自己身高，将板调整为易于清扫的高度；亦可以根据窗户的位置，调整到让猫可以眺望窗外的高度。

照片22　浮板

细节要点：

·在家中同时饲养超过15只猫的情况下，通常会使用松木集成板、透明涂料来制成猫用小道。其理由是饲养数超过15只的情况下，木板被抓伤的频率会大幅上升。若使用其他颜色的涂料，被抓伤的痕迹就会格外显眼。

·螺纹杆和长螺丝的选择方面，推荐饲主选用不锈钢制的，而非特殊电镀的。猫的饲养只数较多的话，室内湿度会随之上升，较容易生锈。

关联页面：第25页、第40页、第73页

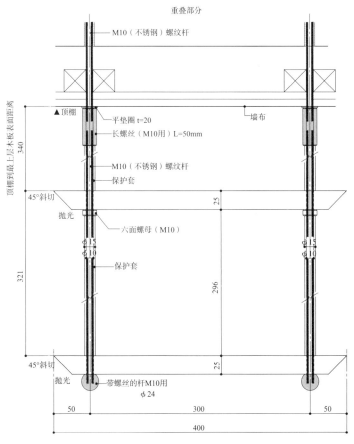

重叠部分

连接点部分

M10（不锈钢）螺纹杆

墙布

▲顶棚

平垫圈 t=20

长螺丝（M10用）L=50mm

M10（不锈钢）螺纹杆

保护套

45°斜切

抛光

六面螺母（M10）

保护套

45°斜切

抛光

带螺丝的杆M10用 φ24

顶棚到最上层木板表面距离 340

321

25

296

25

50　300　50

400

顶棚到最上层木板表面距离 340

墙布

▲顶棚

50

45°斜切

抛光

25

129

25

45°斜切

抛光

50

剖面图（1:5）

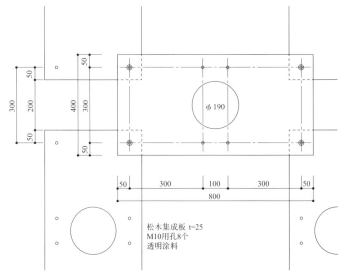

松木集成板 t=25
M10用孔8个
透明涂料

φ190

50　300　100　300　50

800

300　200　400　300

平面图（1:15）

图13　浮板详图

照片23　不同样式的重叠猫用小道

在猫看来就像迷宫一样的布局。猫的行为记忆能力不是很强，这种布局可使猫每次都使用不同的路线。

11　圆盘形猫用小道

前两节中介绍了，利用房梁和自顶棚下吊木板，两种制作猫用小道的方式。如果说有一种设计，可以让猫在使用时对前行道路充满兴趣的话，不管形状如何，都是再好不过的了。环境富足感的提升，很大程度上需要房间中有宽阔的空间，但这定会受到很大限制。将空间立体运用的话，可以达到模拟大型空间的效果。像行动轨迹交错变换的设计，就多少能够满足猫与生俱来的好奇心。圆盘形猫用小道（图14、照片24），便是以此为初衷设计的。本设计中，在垂直方向重叠的圆盘上，开个猫可以穿过的洞，使猫不仅平行移动于圆盘间，亦可上下穿梭。

一般来讲，猫用小道的设计，尽量要避开居住者的生活路线，例如在门楣之上（图14、照片25）等，找出一些不会妨碍到人的位置，再做出赏心悦目的形状造型，对设计而言是必不可缺的。

细节要点：

·在纵向连接的圆盘上，开了直径19cm的洞供猫上下移动。洞的断层要磨光滑，角

照片24　圆盘形猫用小道

也要斜切。

·猫用的门楣厚度，同其他猫用小道一样（t=25mm），并防止弯曲没有使用吊轨门，在门下方使用了负重底轨。

关联页面：第24页、第40页

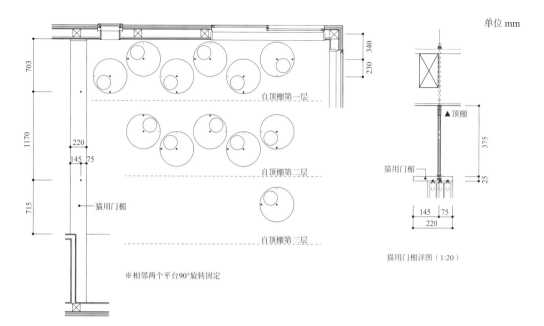

单位 mm

703
1170
715
340
230

自顶棚第一层
自顶棚第二层
猫用门楣
自顶棚第三层

220
145 75

※相邻两个平台90°旋转固定

平面图（1:50）

▲顶棚
猫用门楣
375
25
145 75
220

猫用门楣详图（1:20）

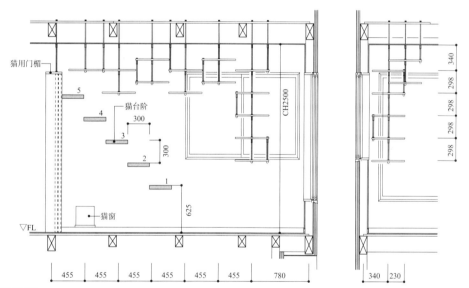

猫用门楣
5
4
猫台阶 300
3
2
300
1
猫窗
▽FL
625

455 455 455 455 455 455 780

CH2500

340
298
298
298
298
340 230

展开图（1:50）

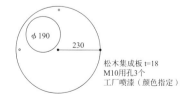

φ190
230
松木集成板 t=18
M10用孔3个
工厂喷漆（颜色指定）

圆盘详图（1:20）

图 14　圆盘形猫用小道和猫用门楣详图

照片 25　猫用门楣
门楣上方设计的,供猫行走的小道。

12　连接猫用小道的猫爬架

　　把猫爬架（也被称为猫爬塔）引入家中，一般都会搭配猫用小道使用。但对于猫爬架的放置场所并没有严格规定。其在于整个家居设计中，主要被用作节约空间的楼梯，或是猫的"监视台"。猫爬架附近连接着猫用小道的话，基本可以放在家中任何一个角落。

　　本节中介绍的，是以和猫优雅地共同生活为目的，不断尝试后得出的、追求象征性的设计（图15、照片26～27）。本设计十分简约：将边长50cm的正方形木板的四分之一切下，以90°旋转排列，并用一根支柱来固定，猫在平台上伫立，风姿绰约。但是，这种设计对于行为记忆能力不是很强的猫来说，适合爬下而非爬上：总有几只猫无法学会攀登的方式。因此推荐饲主可另选普通楼梯放置他处以供它们攀登。

细节要点：

·本节介绍的猫爬架，饲主可参考第91页的图12。以下是不同木板之间间隔的实验结果：以爬下为目的的话，间隔@330～@430mm 没有很大差异；以爬

照片 26　猫爬架 A

上为目的的话，像猫爬架 C 中一样间隔@380mm 时，猫使用频度最高。这应该是最恰当的尺寸。

·和第94页的圆盘形猫用小道一样，木板边缘距猫的面部只有数厘米。为了让猫更安全地上下移动，所有的木板边缘均需要抛光。

关联页面：第25页、第28页、第90页

单位 mm

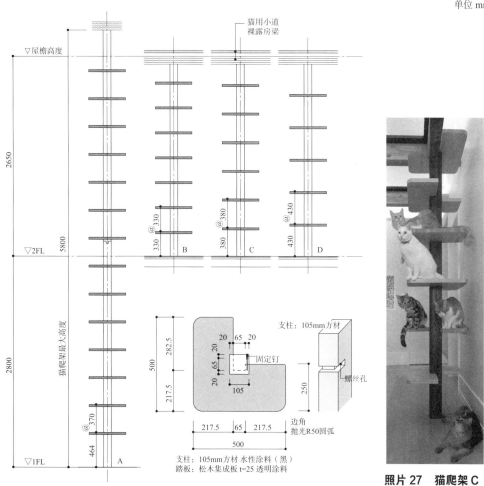

猫用小道
裸露房梁

▽屋檐高度

2650

▽2FL

5800

猫爬架最大高度

2800

@330 330 B

@380 380 C

@430 430 D

▽1FL

@370 370

464 A

剖面图（1:50）

支柱：105mm方材

500
282.5
217.5

20 65 20
20 65 20

固定钉

105

217.5 65 217.5
500

边角
抛光R50圆弧

螺丝孔

250

支柱：105mm方材 水性涂料（黑）
踏板：松木集成板 t=25 透明涂料

踏板详图（1:20）

照片27 猫爬架C

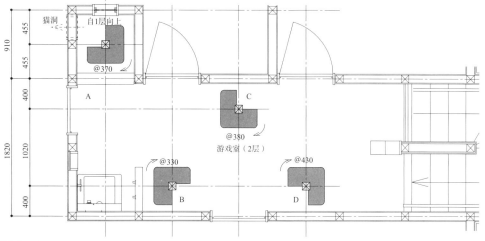

910
455
455

猫洞

自1层向上

@370

A

C

@380

游戏室（2层）

1820
400
1020
400

@330

B

@430

D

平面图（1:50）

图15　猫爬架详图

97

13　猫与楼梯间利用

楼梯间是很少得到充分利用场所。要设计出与猫共生的住宅，就需要积极地加进各种新鲜元素。

在人使用的各种楼梯中，猫在使用没有踢面的楼梯时，可以看到平时难得一见的楼梯内部，并会经常卧在踏板上。此外，没有踢面楼梯的另一好处，是宠物毛发不会依台阶一级一级积攒很多。

楼梯下和折回的楼梯平台处，会空余很大的空间。本处介绍的，是叫做"猫台"的，自楼梯平台高约2.4m的，供猫眺望窗外的平台（图16、照片29～30）。其位置较二层顶棚稍低，站在二层的高度正好与人的视线平行，饲主可以经常看到猫使用时的情景。为了让猫登到此处，照片中使用了扶手墙改造成猫专用的楼梯（照片28）。这也是因为人在使用楼梯时，扶手墙基本不会起到任何作用，可设计改造的自由度较高的缘故。再开个观察用的小洞，普通的楼梯也会成为猫喜爱的活动区。

细节要点：

·假设使用"猫台"的有2～3只猫，在

照片28　用扶手墙制成的猫用楼梯

30mm厚板材的两端加以固定，则足够支撑。此处介绍的事例中，如同照片30一般，"猫台"使用了扶手墙和建筑材料加固，能承受人登上。

·扶手墙的横木制成段状时，为了使表面不易被划伤，增大了立面面积。立面面积较小的话，猫的爪子会触及横木表面，剥落涂料。

照片 29　猫台

猫可以眺望窗外景色，晒太阳。

单位 mm

照片 30　猫用楼梯和猫台

饲主可登上猫台，清扫顶部猫用阁楼。

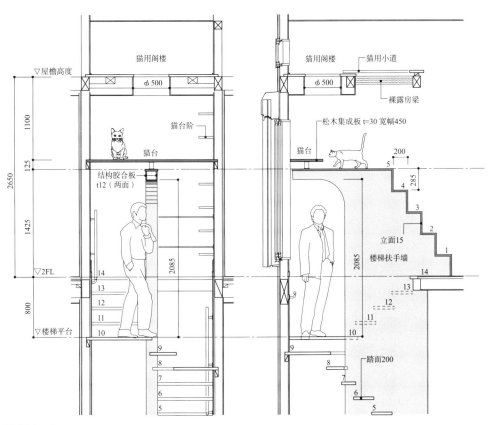

展开图（1:50）

图 16　用扶手墙制成的猫用楼梯

99

14　猫用楼梯的设计

本节着重介绍猫用楼梯设计上的细节。就尺寸来讲，猫用楼梯并不需要很大，一是猫体型很小，而且大尺寸很可能影响到居住者生活。最多用的猫用楼梯形式，莫过于一部分嵌入墙壁的悬臂板，我们称之为"猫台阶"（图17、照片31～32）。

猫台阶的设计在使用上，是让猫身体贴墙爬上爬下的，故宽度相比猫用小道要宽。宽度在150mm较为适宜，但体型稍胖的猫不易使用，故可将宽度加长至200mm以上；推荐长度在300mm左右，房间中空间不足的情况下可缩至200mm；立面高度最大可设为500mm，但考虑到年龄较大猫的活动能力时，可将高度控制在200～280mm间。

猫台阶对墙壁石膏板的安装、墙纸的粘贴影响很大，所以最近也经常有将铁板加工后，制成猫用楼梯并用钉子固定的方法（图18、照片33）。这种预先制成小型楼梯的设计，只需在装修时简易安装，一定程度上缩短了工期。

细节要点：

·猫台阶和猫用楼梯可因需求改变坡度。

照片31　猫台阶

以玩耍为目的的猫用楼梯，在设计时可将坡度略微提升，饲主即可看到猫的跳跃姿态。第38页介绍的猫用楼梯连接猫喂食处的设计，是猫日常生活路线的一环，坡度在38度左右。

·猫用楼梯较窄，且没有扶手，很难凭肉眼确定尺寸。在用于不同用途时，饲主可参照人用楼梯坡度来设计。

关联页面：第26页、第28页、第33页、第38页

单位 mm

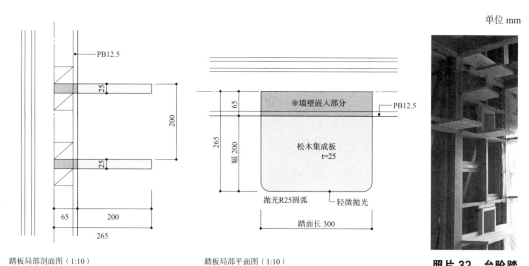

踏板局部剖面图（1:10）　　踏板局部平面图（1:10）　　**照片 32　台阶踏板固定方式**

图 17　猫台阶详图

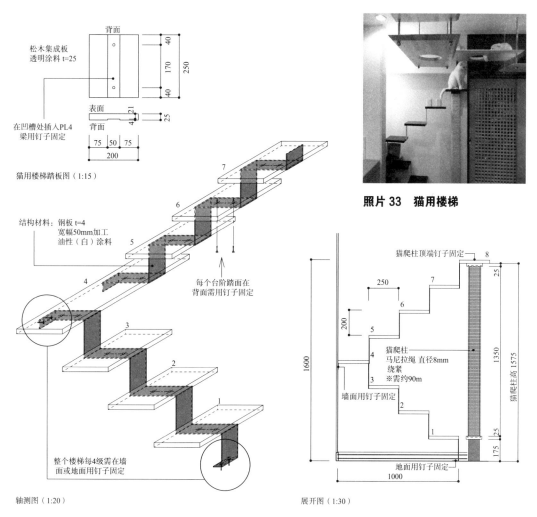

照片 33　猫用楼梯

图 18　猫用楼梯详图

101

15　猫的喂食处与厕所

本节中介绍的，是将猫厕所和带给水功能的喂食处上下结合，从而节约了的"功能空间"及其详图。本设计是约为正面宽0.75间(约1.36m)左右的，2～3只猫用小型设施。即使尺寸略微增大，做法也不会发生太大改变。

带给水功能的喂食台被我们称为"猫的喂食处"(图19、照片34)。在这之前的设计，我们使用了厚约30mm的集成板，或柚木制的指接板来制作台面，但经常由于未及时擦干导致留下污垢。重新考虑了防水性、耐水性之后，我们使用了和厨房一样的、人工大理石或合成树脂制台面来制作。

喂食处高度的设置，结合了喂食和清扫方便的特点，固定在90cm处。为了让猫可以爬到喂食台，设计中分别在台面(照片35)和二层地面开了两个洞，并安装了猫台阶组成路线(照片36)。

像这种让猫爬到喂食处的以路线的多条设计更妥善一些。其原因是在多只同时饲养时，可能会有猫挡住其中一条路线。

照片34　猫的喂食处与厕所

细节要点：

·使用合成树脂饰面板的台面时，在台面开的小洞处可以将四角磨圆，设计将更美观。

·厕所处防水板的大小做法，设计得和厕所配套的话，在安装时将更为方便。

·成品吊柜顶部通常不会贴有饰面材料。若将其作为猫用小道，则需提前准备合成树脂板等材料。

关联页面：第34页、第36页、第38页

照片 35 猫洞

开在台面上，连接猫台阶。

照片 36 猫洞

自二层连接至一层吊柜顶部。

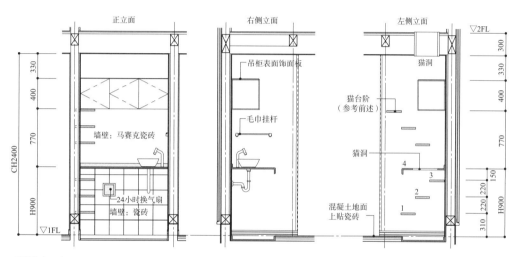

展开图（1:50）

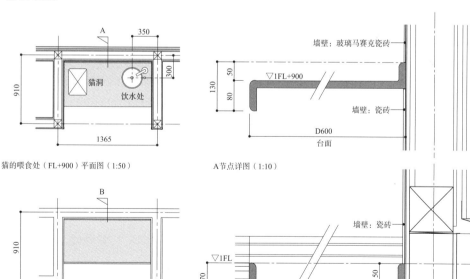

猫的喂食处（FL+900）平面图（1:50）

A节点详图（1:10）

猫厕所（FL-50）平面图（1:50）

B节点详图（1:10）

图 19 猫的喂食处与厕所详图

16　磨爪猫爬柱

市面上贩卖的给猫磨爪用的物品，很少有可以如预期般使用的。反而很多家庭中的家具、柱子等，却被猫抓得破烂不堪。其理由是，市面上贩卖的物品大都大小不合，或太过轻巧缺乏固定，亦或是不如家中的家具更有吸引力。本节介绍的"猫爬柱"，结实且造型很大，从目前的使用状况来看基本可以满足所有的猫（图 20 ~ 22、照片 37 ~ 40）。这一判断的理由，是其大小适合磨爪、猫磨爪时的举动，以及看到猫攀登时，其他猫也会上前尝试。

猫爬柱是由 105mm 的方材为中心，以直径 8mm 的马尼拉绳（麻绳）缠绕制成的。其摆放位置，介于对猫而言"不同的场所"的边界线附近，这也是窍门之一。这样的位置，利于猫使用爬柱磨爪，对其他家具的损伤可降至最低。但有一点，如果已经部分损伤的家具，一直放在家中不替换的话，猫会将其当做玩具继续进行破坏。

细节要点：

·在使用直径 8mm 的马尼拉绳卷住中心柱的情况下，每 1m 左右需要大约 53m 的绳子。

照片 37　带照明功能的猫爬柱

绳子通常以 200m 为一卷售卖，制作两个猫爬柱的情况下，柱高可设为 1.7m 左右。

·在关于猫的《Scratching post》一书中，"sisal"（剑麻）这一单词经常出现。这和马尼拉绳是同一种。在日本，染成茶色的剑麻绳也被称为马尼拉绳，这些绳统称"麻绳"，但其实用的麻是不同的植物。

単位 mm

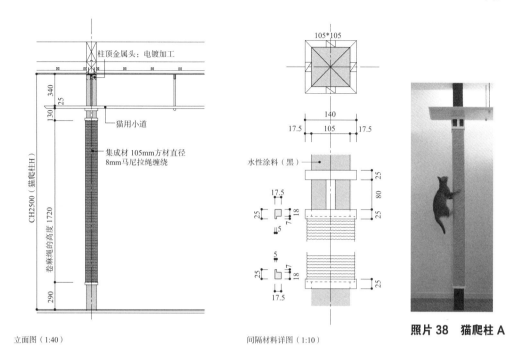

立面图（1:40）

间隔材料详图（1:10）

照片 38　猫爬柱 A

柱顶金属头：电镀加工

猫用小道

集成材 105mm方材直径 8mm马尼拉绳缠绕

105*105

水性涂料（黑）

340
25
130
CH2500（猫爬柱H）
卷麻绳的高度 1720
290

140
17.5　105　17.5
25
80
25
17.5
25
18
7
5
5
7
25
18
17.5

图 20　连接猫用小道的猫爬柱

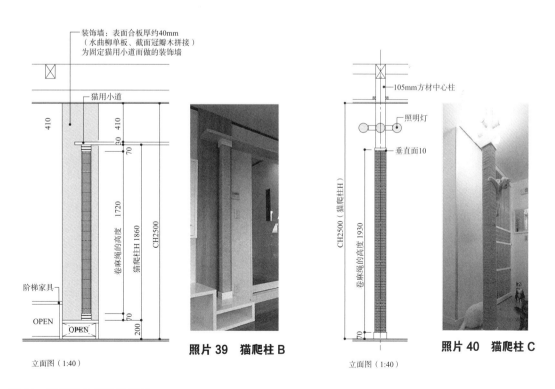

立面图（1:40）

照片 39　猫爬柱 B

立面图（1:40）

照片 40　猫爬柱 C

装饰墙：表面合板厚约40mm
（水曲柳单板、截面冠瓣木拼接）
为固定猫用小道而做的装饰墙

猫用小道

410
410
30
70
卷麻绳的高度 1720
猫爬柱H 1860
CH2500
70
200
阶梯家具
OPEN
OPEN

105mm方材中心柱
照明灯
垂直面10
CH2500（猫爬柱H）
卷麻绳的高度 1930
70

图 21　装修时装好的猫爬柱

105

第4章

宠物共居必备行为学

"宠物共生住宅"一词广为流传，但其似乎未被赋有深层的意义。在家中只要饲养了宠物，就可以称为"共生"。至于其本意，其实也并不是值得深究的事情。但从我多年以来的设计经验中得出：专业的、与宠物共生的住宅设计，离不开对"共生"一词的深刻认识。

狗自绳文时代（距今约一万四千年前）就与人类共同生活了。时至今日，狗在人类生活中扮演的角色发生改变，主要是源于人类的不同的需求——伴侣动物。作为伴侣动物的狗，有时会被饲主当做子女，有时也会被饲主当做户外活动的搭档。饲主会有自己的家庭，一个人生活的时候狗也可以成为家庭成员；反之，狗的家庭成员就是人类。所以饲主面对狗必须要有正确的态度、担负起养狗的责任。就像我们的一举一动，对狗都有潜移默化的影响一样，狗与人类生活时并非为所欲为，而是因人类的行为发生改变的。饲主有充足的机会让狗融入人类社会，但狗却很难像人一样自发地参加人类的活动，并规范自己的行为。

照片 1　混合直接与不直接在地面上生活起居的日本居住方式
在日本同时存在这两种生活方式。有些家庭起居室中有桌子和沙发，不少人也会脱了鞋直接坐在地面上
生活起居。训练狗的核心内容，莫过于与狗建立信赖关系。像照片中这般，可以采取最自然的姿势与狗
接触，是直接在地面上生活起居的好处之一。

因此，饲主必须担负起一切责任，与狗共同生活。而这，就是"共生"一词的释义了。作
者认为，在养狗的家庭中，若想正确把握"共生的状况"，家居设计一定是必不可少的过程。
当然养猫的情况也是同样。所谓"宠物共生住宅"，不仅仅是内置了大量便利设施的容器，
而是赋予了人们新的家庭形态的住宅（照片 1）。本章中将会介绍到，为了让其充分发挥
作用的，饲主必备的行为学知识和住宅理论。

01　宠物共生住宅

据我所知，当今市场上以"与宠物共同生活"为概念，设计出来的商品化住宅，其实并没有过多的内涵；尤其是包含"与宠物的行为对应"的设计，以此开拓新型居住方式的住宅更是丝毫不存在。现有的住宅形式，只是将宠物用的设施，从饲主的需求里和盘托出，在住宅中添加了宠物用的一些替代品，但没有考虑到与动物生活的价值。或者说，这些住宅建造商从一开始只考虑到，宠物热潮能够带来的巨大市场罢了。

我早前便感受到，这种商品化住宅在物质角度上，其丰富程度和便利性有着很大的局限性。于是我的设计角度，并不在于为了和宠物共同生活，设计出一些设施；而是将一般性住宅，设计得更适合与宠物居住。我工作的本质便在于此。

养狗的家庭中，就算不使用像洗脚处这样的、宠物用的设施，也可以规划出，能让狗作为家庭成员融入的设计。

养猫的家庭在设计时，我选择贯彻原理主义；就像第一章和第三章中所述，猫用的设施没有在建筑完成后添加进去，而是作为住宅的中心设计的。甚至于这些设计已经很难看出，是猫与人同时居住的了。但我确信这些设计，会在不久的将来成为养猫家庭的模范住宅。

猫、狗的饲养只数现已超过 15 岁以下儿童的人口数了，狗被当做伴侣宠物、猫也在完全室内的条件下饲养了。在这样的背景下，在从今往后的理想的居住方式研究中，"与宠物共同生活"这一主题一定是不可忽视的一个重点。

"适合与宠物共同生活的住宅"虽被称为"宠物共生住宅"，就像之前所述，它也包含着不断变化的理想居住方式。因此，"宠物共生住宅"不会像简单的商品化住宅一样昙花一现，它在不断更替变迁的住宅形式的变化中，也一定会有自己的一席之地。

02 称之为"一般性住宅"的幻想

本书中不时提及的"一般性住宅"一词，是有深意的。此词很暧昧，没有指明具体意思，是希望给读者一个对房间布局进行想像的空间。不论哪个年代的人。对自己儿童时期的家的"原风景"总会有共鸣，一个抹不去的记忆。

实地考察时，我们通过访谈，得到了一些居住者居住方式变迁的信息。访谈的对象在 20 岁上下时，常常会听到"狗从一开始就在家里养了"这种回答；在 50 岁上下时，"长大以后，总想在院子里养狗"这种回答屡见不鲜；搬过三次家的居住者，想起以前家里的种种情况；包括在集合住宅（公寓等）的居住者在内，得到的回答几乎是一致的：

"嗯，（我居住的）就是一般性的住宅啊。"

这里的"一般性"一词，改成"普通"也许就更能体现主题了。从第 2 章的实地考察中，排除宠物这一要素就能够弄清楚：在 2009 至 2013 年间，绝对没有存在很多"普通住宅"。调查对象以建成 10 ~ 30 年的住宅为主，"内廊式住宅"占了很大部分；其中关于房间布局，增建改建、导致房屋功能分化模糊的情况很多，养狗的话就自然更不必提。

词性十分相近的"一般性"和"普通"两词，运用在住宅上的表达并不完全一致。像公营住宅中存在标准设计，以此来定义一个地区多数人的"普通住宅"的话，"普通住宅"目前并没有一般性地存在。

那么所谓"一般性住宅"究竟是什么呢？

建筑设计学者铃木成文 *，经历了战后日本住宅形式的变迁，他把近代住宅分成了三种类型："城市 LDK* 型"、"集合住宅型"和"乡下连间型"。除特殊地区之外，战后日本住宅的原本面貌若是以上其中一种，则经常会被称为"一般性住宅"。

对十分抽象的"一般性住宅"一词没有深刻的了解，"宠物共生住宅"就很难得到一个新的解释，我为此十分担心。

为了更加深刻了解"一般性住宅"，下一节将会从历史角度讲述其原委。

---

* 铃木成文（1927 ~ 2010）日本建筑学者，东京大学名誉教授，毕业于神户艺术工科大学，建筑设计学专业。著有《建筑设计》、《住宅论》等书。
* LDK 指有厨房、起居室和餐厅。DK 指有厨房和餐厅。

03 住宅形式的变迁

简单来说，战后日本住宅形式的变迁，在于人口向城市集中后，住宅形式因人口大量增多而发生的改变。这和建筑基准法（日本）的集团规定意义相同。换句话是，其改变是源于外界的压力；与此同时，家族的形态与意识也因住宅使用方式的改变，而慢慢发生了变化。这种改变通常是使用者自身需求的增加，从而对供应者产生了态度变化。

首先，我们先来介绍具有历史意义的，DK 型住宅的鼻祖——1951 年日本公营住宅标准设计的 51C 型住宅。正确来讲，其应是 1955 年设立的日本住宅公团所倡导推广的，不直接在地面生活起居的 DK 型住宅。但在当时，在房屋面积狭小的条件下，食住分离和分室就寝的目的已然被其达到，从两居 DK 到三居 DK，在民众迫切期待"摩登的起居室"的呼声下，公营住宅供应者在 20 世纪 60 年代大量生产 LDK 型住宅。与此同时，开发商也同时登上历史舞台，其生产的小别墅式住宅中，多个独立卧室用走廊和 LDK 相连，这种住宅以破竹之势迅速在日本普及。

另一方面，同城市中一样，在乡下也有很多欲在房屋中划分出独立卧室和 LDK 的意向；且在房间"集中"的基础上，仍希望保留宽敞的日式房间和连间的，便有了"乡下连间型住宅"，并慢慢传播开来。

至此，便是"一般性住宅"形成的整个过程。从设想中的原型到实体的建筑，其间仅仅经过了 30 年左右。

那究竟是为什么，日本的住宅会如此急速的发生转变呢？追寻其普及的迅猛势头，仅仅"因其十分优越"一句话，并不能当做明确的缘由。即使的确是由于优越性所普及的，但如此快速的传播也需要催化剂反应。这个"催化剂"，就如表 1 所示，是物质上丰富的象征。

如今，很多家庭中已与宠物共同生活了。但往往住宅的结构并不完善，与"一般性住宅"没有显著区别。如表 2 所示，新型的住宅也一定会普及。

DK、LDK 型住宅普及的催化剂   表 1

理念·需求	催化剂 →	形式
食住分离和分室就寝	不锈钢制厨房	餐厅兼厨房
现代起居室	钢琴、待客用家具	LDK

宠物共生住宅普及的催化剂   表 2

理念·需求	催化剂 →	形式
与宠物共同生活	狗的训练、行为学猫的完全室内饲养	宠物共生住宅

04　家中狗的行为

日本人是如何与狗分享空间居住的呢？在频频发生问题的家中，饲主和狗之间又究竟有哪些问题行为呢？本书在第二章中，已经详细地阐释了养狗生活中真正的生活状态。以往的宠物问卷调查中，也包含了很多没有被重视的居住环境因素。

可是，不能否认的是仅靠图文叙述，并不能很好地把握时间这一因素。其中很重要的一点，就是"重复多次的行为"。我们就此展开调查时发现，宠物与人的生活中，往往存在以下一个原则——

"人与狗之间，在家中不断展开的行为，并不是偶发事件，而是受居住环境影响的，有规律性的必然事件。"

为了证实这一点，同时也是为了了解饲主的行为会给狗带来怎样的影响，我们决定在家中安装 24 小时摄像头拍摄。然而出乎我们意料的是，狗在单独时，很少会做出有鲜明特征的行为。就连被兽医诊断患有分离焦虑症，会做出破坏行为的狗，

在家中没人时也会非常放松老实；反而当察觉到饲主归来时，才开始做出类似撕咬靠垫等的问题行为。这种情况下，饲主往往不会看到当时的情况，而误认为狗的问题行为，是在家中没人时表现的。

这种有悖于以往推测的情节，马上就吸引了我们的注意。也就是说，问题行为的表现，不出所料应该是饲主在家中所作行为引发的。

如此一来，"饲主的某种习惯，会引发狗不断做出对应的某种行为"这一现象也解释得通了。与此同时这种行为有时也会转化为狗的习惯。在行为学里，这种情形被称为"操作性条件反射"，在人与狗居住环境中，其通常会在"行为强化理论"下运作。

我们知道，很多的饲主正受到居住环境影响，做出诸多行为；而这些行为，又将影响到狗的行为。在之后的小节中，会就此一一说明。

05　正向强化·正向惩罚 操作性条件反射

"操作性条件反射"，是在设计与狗共居的住宅时，必须要留意的法则；虽说运用时对饲主生活有诸多限制，但其将会是开拓新型居住方式的关键。房间布局限制饲主行为，饲主行为又将影响狗的行为，在这一前提下，其重要性更是不言而喻。

美国的伯尔赫斯·弗雷德里克·斯金纳博士在其实验中，利用按压杠杆就会提供食物的装置（斯金纳箱）和小白鼠，命名并论证了"操作性条件反射"理论。这就是行为分析学的基础理论。以下，将对这个实验进行简单介绍：

提示音响起后，按下杠杆装置就会提供食物，小白鼠渐渐会对提示音有反应，并增加提示音响后按压杠杆的频率。这就是一种学习；可是，在按下杠杆就会遭到电击时，小白鼠会渐渐停止触碰杠杆。这就是另一种学习。

前者被称为"正向强化"，因为有食物提供这一结果，小白鼠按下杠杆的频率增加了。在操作性条件反射理论中，在行为表现之后，及时给予刺激的情况，被称为"正向"

（Positive）；其导致行为表现频率增加的结果，被称为"强化"（Reinforcement）。平常叙述行为和结果时，通常会将行为（原因）前置，结果后置；但在行为分析时恰恰相反，结果会成为原因引发行为。换句话说，"得到食物"这一结果引发了"按压杠杆"这一动作。

后者被称为"正向惩罚"，电流这种负面刺激的产生，导致小白鼠减少了按下杠杆的频率。这种情况时，电流刺激是在行为表现后被及时给予的，所以被称为"正向"；其导致行为表现频率减少的结果，被称为"惩罚"（Punishment）。将以上总结到表 3 中。

行为表现频率的增加或减少，是因受到刺激不同而有所分歧。对于按压杠杆这一行为而言，食物被称为"强化物"，电流被称为"惩罚物"。

正向的程序		表 3
	结果：行为表现频率增加	结果：行为表现频率减少
行为表现后立即施加刺激	正向强化	正向惩罚

06 负向强化·负向惩罚 操作性条件反射

在对猫狗进行训练，或是像我一样依居住环境，尝试设计易于和狗共居的住宅时，正向强化与正向惩罚是十分简单实用的法则。

同时，饲主在客观地观察人与狗的关系时，可将食物作为正向强化物，斥责作为正向惩罚物，运用十分方便可行。但是在家中，饲主会经常不自觉地，将刺激传达给狗，这使"强化"的方向往往有所偏差。关于这一点将会在第116页之后的案例学习中提出。在这之前，作者希望就操作性条件反射的其余部分——"负向"的程序进行说明。

"负向"（Negative）表达将刺激减少之意，与"正向"恰好相反。强化与惩罚的程序记录在表4。

"负向强化"指的是个体因负面刺激的影响，有意回避（或逃脱）引起刺激出现的行为。负面刺激消失的结果，就是相反行为的增加。举个例子，当狗面前出现危险人物时，狗在狂吠之后，危险人物即会在面前消失。这种情况下，危险人物是否

离去，或这个人物是否真正危险其实并不重要；狗吠之后人从面前消失这一结果，才是导致吠叫行为增加的原因。这个人物作为负面的刺激，被称为"负向强化物"。

"负向惩罚"，打个比方，在饲主与狗尽情玩耍时（正面刺激），饲主的手因被狗咬伤，导致无法继续玩耍（＝负向），手被狗咬这种行为的出现频率随之减少（＝惩罚）。

"负向惩罚"程序中减少的正面刺激，被称为"负向惩罚物"，但"负向惩罚物"常常和"正向强化物"相同。因为其正是喜爱的事物被剥夺的缘故。

至此为止，已经充分解释了强化与惩罚的分类，和正向强化物≈负向惩罚物、正向惩罚物≈负向强化物。从下节开始，将会介绍唯一一个将狗的行为学与住宅论连接的、十分关键的概念——"三相相倚"。

负向的程序		表4
	结果：行为表现频率增加	结果：行为表现频率减少
行为表现后立即移除刺激	负向强化	负向惩罚

07　三相相倚与刺激控制

表 5 记录了操作性条件反射的种类。只考虑强化与惩罚的情况下，只有以下四种程序，可见其为极其简单的科学法则。

行为（＝反应）有偶然表现的可能性，但多数情况它的表现，往往存在着某个刺激作为契机。这种刺激被称为"辨别性刺激"。另一方面，作为行为表现前提的环境变化，被称为"先行刺激·前提条件"（Antecedent）。

所谓三相相倚，就是包含行为表现之前的条件要素的、"辨别性刺激→行为→结果（强化物）"这一过程。和之前所讲述的操作性条件反射法则同样，狗的"学习"的过程，只不过是行为表现频率的变化而已。也就是说，"学习"的对象不是一次次的操作性条件反射，而是整个三相相倚。

命令狗的时候，如果命令达到了预想效果，那么这个命令就属于"辨别性刺激"。与此同时饲主所做的一系列行为，就被称为"刺激控制"。

狗的训练调教多是"刺激控制"，很多饲主把对狗的命令日常化。但实际上有时这些"辨别性刺激"，并没有达到"刺激控制"

的目的。举例来说，有的狗对命令毫无反应，有可能是因其将饲主生气时的叫声，与命令声相混淆了；又或者是，狗在饲主无意间，已经学习了"饲主认为很困扰的行为"，这种情况饲主反而只能寻找辨别性刺激和强化物，无疑加重了负担。

基本上所有的病态伴发行为，都可以用三相相倚来解释。因此从家中各种各样的行为之中，能够将空间因素考虑在内、并发现三相相倚的存在，这一定是完善与狗共居方式的开端。

此外，没有进行刺激控制的时间，便是狗的自由时间。大多数狗的生活中，自由时间占很大部分。在这段时间内，如果能够及时发现"狗会做出的行为"，并衡量其是否会对饲主造成困扰，在饲主设计时无疑大有裨益。

强化与惩罚的种类　　　　　　　表 5

	结果：行为表现频率增加	结果：行为表现频率减少
行为表现后刺激立即出现	正向强化	正向惩罚
行为表现后刺激立即消失	负向强化	负向惩罚

08 ABC 分析法

"家里的狗做出了各种过分的事情。"一些饲主在察觉到家中严重的事态之后，对于狗的行为（反应）如此评价。这往往是因为他们没有捕捉到，三相相倚的要素——"辨别性刺激"（契机）和"结果"（强化物）。"为什么我家孩子老是惹我生气呢？明明平时很乖。"，像这样饲主将狗拟人化的案例也有很多。

狗自身无法分辨善恶和惹人生气的行为。狗所表现的"惹人生气"的行为，通常是饲主无意识间不断强化的结果。又或者在狗眼中，只不过是玩具在面前而想去玩耍罢了。

若要从日常生活中的某个场景，来了解狗的"学习"行为，遵照三相相倚规律进行的"ABC 分析法"就再合适不过了。

某一天，因为约会而回家很晚的 A 小姐，将自己喜欢的挎包挂在椅背上，对迎面而来的狗——小露，只是略加理睬了一下，便沉沉地睡了过去。第二天早上，A 小姐恼火地发现，被咬得粉碎的挎包和里面装的物件散落一地，她认为这是小露对自己的反感，而且是故意惹自己生气。

此后不久，A 小姐决定不再过晚回家，并把挎包放在自己房间中的衣柜里，重要的物品统统放在小露碰不到的位置，妥善保管起来。这个案例使用"ABC 分析法"后，如表 6，得出有狗存在的环境促进了行为的表现这一结果。

举个例子，如果要表示饲主的行为与环境之间的伴随性，在使用宠物共生住宅的 ABC 分析法时，饲主就不能只把宠物当做对象，要把饲主的因素也考虑进去。这个案件中狗的行为十分单纯：狗轻轻碰到挂在椅子上的挎包，挎包随即掉到地上，而在地上的物品都会被狗当做玩具，于是狗便将其咬坏来玩耍。

从下节开始的案例分析中，将会运用这种"ABC 分析法"展示狗的行为，并具体分析建筑与饲主的关系等等。

ABC 分析例		表 6
A：前提条件	B：行为	C：结果
回到家中，家中养了狗	将挎包妥善管理好	挎包不会被狗弄坏

补充：三相相倚在英文中通常是"前提条件（Antecedent）"—"行为（Behaviour）"—"结果（Consequences）"，提取其首字母即为"ABC 分析法"。

09　朝对讲机吠叫的狗 案例研究 1

有非常多的狗会朝着室内对讲机狂吠不止。饲主即使通过大叫"安静！"、"别吵！"来制止，狗也不会停止吠叫。与客人在玄关寒暄之后，直到客人在屋内坐定，狗一直狂吠不止的案例，在第 2 章的实地考察中也有发生。

吠叫对象的"室内对讲机"，作为住宅设备使用的历史不长。20 世纪 60 年代，居民的安全防范意识逐渐上升；至 1982 年，行业领军企业的アイホン（Aiphone）公司，制作出带有摄像头的可视门禁系统，并开始发售；时至今日，几乎所有新建成的住宅中，都会装设这种称为"可视门禁系统"的对讲机。

环视家中的各种家电、设备，居住者要求"迅速反应"的器械，如今只有可视门禁这一种了。电话可以有通话记录功能代替，洗衣机也可以直接切换到烘干模式。但只有对讲机，是以人会做出即时反应作为前提使用的器械。倒不如说，从前多数家中常使用门铃时，客人会预想居住者到达玄关的间隔，反而可

以等待其反应。

现在的问题是，狗朝对讲机吠叫这种问题行为，存在在很多饲主的家中，因此必须要找到一个解决方法。首先，先使用"ABC 分析法"展示这种行为。

表 7 中的箭头表示"连锁反应"。这里的"连锁反应"，作为"C：结果"的某个反应，成为了另一反应的"A：前提条件（辨别性刺激）"，从而使三相相倚连续发生。这里所举的例子并不是特殊的，而是普遍存在的情况。

依表 7 继续分析，可以得出第二行的"C：结果"成为了"负向强化物"这一结论：在吠叫之后，来访者（假定为负面刺激）立即消失。在这种"负向强化物"的作用下，吠叫行为被不断重复。

朝对讲机吠叫的狗（1）		表 7
A：前提条件	B：行为	C：结果
对讲机响起	吠叫	来访者出现
来访者出现	吠叫	来访者消失

于是，"朝对讲机吠叫的狗"这个案例，

经常会出现在训练狗的书中。为了对抗对讲机发出的声音，关于这种问题行为的改正方法，通常会使用"系统脱敏疗法"和"不相容行为的区别强化"。

首先，将对讲机发出的声音录音，并多次给狗播放让其习惯这种刺激（系统脱敏疗法）。与此同时，将这个声音作为"辨别性刺激"，让其学会新的对应行为（不相容行为的区别强化）——"安静地等待"。所谓"不相容行为的区别强化"，就是在其已经掌握一种对应行为的前提下，让其掌握另一对应行为，换言之，就是增加其对饲主来讲更为合适的，对应行动的表现频率。

书店的各种书籍中，使用这种规范的方法十分合乎情理：对讲机响起之时，训练让狗在独立空间中等待。在下节中介绍的"邮差症候群"，采用这种方法即可完美解决。但是，究竟能有几成的饲主，能凭一己之力改正爱犬的问题行为呢？尤其是把对讲机的声音作为辨别性刺激的，不相容行为的区别强化是十分困难的。

专业训狗人士通常会在"已经固定居住方式的住宅"中，或是在"一般性住宅"这个假想的饲养环境的制约下，仔细考虑能够做到的事情，从而选择使用"系统脱敏疗法"和"不相容行为的区别强化"。

但话说回来，对讲机只不过是个电器设备罢了。也就是说，是可以改变的因素。机器改变其发出的声音也可改变。对讲机的声音可拟音为"叮咚"或者各种其他声音。

除此之外，行为的连锁，对最终的"强化物"也会造成很大影响。那么，停止"来访者消失"这种"负向强化"即可。停止强化可使狗的吠叫行为表现频率下降。这就称为"消除"。为了不使表7中第二行的三相相倚发生，只要切断行为的连锁，让"来访者出现"不成为辨别性刺激即可。这样一来，不相容行为的区别强化就没有必要了。因此，可以在建筑层面上解决方式如下：

1. 改变对讲机的声音。

2. 加大狗所在位置与玄关之间的距离，构成其对客人的出现、消失不会在意的空间（强化程序的中断）。

通过以上实践，在某种程度上达到了正面效果，但对讲机的声音，并不一定会成为表7中的辨别性刺激。以下是其理由：

1. 在对讲机响起之前，狗常常已经察觉到来访者存在了。

2. 对讲机响起时，很多饲主会一边说着"来了来了"，一边小跑到母机的位置。

3. 饲主不在家时对讲机响起时，狗也没有非常猛烈地吠叫。

最近，有无线式子机的对讲机很受欢迎。饲主可以像使用手机一般，使用对讲机应答。这种行为，很大程度上解决了之前所述的问题。因此我们做出了表8中的分析。同样，解释的正确与否无从判断，但未必是错误的。

朝对讲机吠叫的狗（2） 表8

A：前提条件	B：行为	C：结果
饲主跑向对讲机	想支持饲主跑动的动作？因此而吠叫	饲主大叫阻止其吠叫

10 邮差症候群 案例研究 2

很多的狗会在邮局或快递的配送人送来物品时，在玄关吠叫。甚至有的案例中，狗会有飞扑上去的倾向。因此，如第二章的实地考察所示，很多事例中饲主会在玄关处安装狗围栏。当时的场景还原如下：

配送人将物品送出，得到盖章或签字后就完成任务。这时狗不停吠叫气氛十分尴尬。因此配送人经常表现得比平时更匆忙，像逃走一般从家中离去。狗确定配送人离开，才迟迟停止吠叫。作为"逐退来访者"的工作，狗完成得十分圆满，成功率也是100%。因此，狗心中的成就感油然而生，但是又不知为何不会受到饲主夸奖。刚才还在大声厉喝的饲主，在来访者被逐退之后却来敲打自己的头。

"这是为什么？真是莫名其妙。"

制止狗的无端吠叫（狗却不这么认为）时，饲主大声叫喊的行为，通常因为狗并没有停止吠叫，而没有"惩罚"的意义。当然，敲打头部这种"惩罚"也没有很好的效果。于是，狗通常会如此理解，饲主为了让狗停止吠叫而大叫的行为：

"主人也在大叫！我也必须更卖力地叫才行！"

这种状态被称为"邮差症候群"。我们可以将这种状态用 ABC 分析法来表达。

表 9 的第一行，狗和人一起大声叫嚷，每次发生的事件就是"正向强化"。饲主的叫喊声便是"正向强化物"。

第二行中，起威慑作用的吠叫的结果，来访者每次都会被从自己的地盘逐退，也就是"负向强化"。

朝配送人吠叫的狗		表 9
A：前提条件	B：行为	C：结果
配送人出现	吠叫	饲主大声叫嚷
配送人出现	吠叫	配送人消失

邮差症候群发生的场景，"玄关地面和玄关厅"，是在日本这种脱鞋生活的文化圈中，进入住宅的不可缺少的一部分。从行为分析的观点来看，在这里展开的人与狗的行为，这个空间相对麻烦一些。在乡下，带前院的住宅有着很好的开放性，其中像外廊等等，从外部进入住宅的通路有几处，

玄关本身来讲面积也会比城市住宅更大。这种情况下，在来访者安全进入家中之前，大多数狗在时间上会有余地来理解，来访者究竟扮演怎样的角色。因此在乡下，这种邮差症候群很少发生，并不会有很大问题。但是，在城市中就不一样了。

"玄关地面和玄关厅"这种场所在城市里，平均只占约 3~4 张榻榻米（4.62~6.16m² 左右）的空间。从面积配比角度来看，其作为经常使用的部分，却只占非常小的空间。这就是这种现象发生的原因之一。

操作性条件反射在单调狭小的空间内较易生成。例如，之前介绍过的"斯金纳箱"的实验装置便是如此。也就是说，"玄关地面和玄关厅"相比其他房间更加单调狭小，狗与饲主同时存在时便成为易于"学习"的空间。加入这个空间，会使狗向饲主希望的方向进行学习则没有问题，但遗憾的是至此提及的案例中，这个空间的作用效果适得其反。

若更进一步，具体地加入来访者因素考虑，如表9，这种单纯的愿望根本不会成立。

同样是配送人，同样的区域内，有时也会有对狗而言"脸熟"的配送人存在。如此考虑，饲主不希望看到的，有害的来访者到来之时，狗是否能作为看门犬完成其使命呢？若受此恩惠，饲主恐怕会给狗过量的奖励吧。这样一来，狗单方面得到了结果，或是会陷入混乱状态，或是会进入不连贯强化的状况——"部分强化"程序。有实验证明，"部分强化"引发的操作性反应，很难使用之前所说的"消除"将其抹去。

于是，为了消除邮差症候群，饲主必须认识到自己的行为，对狗会产生影响；并从建筑角度，尽量将玄关与狗的居住空间隔离，避免其进入狗的视野。这与前一节的后半部分所述的，是同一种处理方式。

下一阶段，对设计者而言，"玄关地面和门厅"这种特殊场所，在不论直接还是不直接在地面生活的住宅中都会存在，是日本住宅中独特的空间。设计者需要考虑到，与欧美住宅中的情景不同的这一点，不可在阅读海外文献时，因转瞬一念将此遗漏。总之，此后在与狗共居的住宅设计中，关于玄关这一空间，不得不从理论上创造出欧美不存在的形式。例如，我的设计中，在玄关设定了一个叫做"定点"的、狗的特殊待命空间，诱导饲主与狗形成表10中的行为。

玄关中的新的行为		表10
A：前提条件	B：行为	C：结果
配送人出现	定点待命	给予食物奖励

※ 本节与"朝对讲机吠叫的狗"一节有很多共通之处。读者可将第116~117页所记内容作为解释和补充。

11 要求性吠叫和消除突然爆发 案例研究 3

反被自己的爱犬、爱猫训练的饲主，实际上不在少数。养猫的情况饲主也许还会乐意，养狗的话饲主通常要被"要求性吠叫"困扰了。

"朝这边转过来！""我想吃这个！""别丢下我一个人！""一起出去散步！"

饲主通常无法忍受这种要求性吠叫，被狗耍得团团转，在日常的生活中也不得不去回应这种吠叫。几番观察下来，虽说这种心有灵犀十分有趣，但饲主因要求性吠叫，不得不去做各种事情这种情况不容乐观。其原因，是在人与狗的关系之间，人应是掌握主导权的一方；这种情况持续下去，在当饲主对狗发号施令时，狗毫无反应的概率会大大提高。另一方面，饲主对狗如此娇惯，并不利于狗掌握其生活在人类社会中必备的，像"等待"、"忍耐"等不会产生生理上痛苦的技能。因此，无法忍受环境变化这一意识就会形成。这个过程就是前几节反复说明的"强化原理"。那么我们该如何处理呢？回答自然是"强化的中断"。也就是说，将"要求性吠叫"→"要求达到"，变为"要求性吠叫"→"什么也不会发生"。

要求性吠叫之后强化物一直不会出现的话，这种吠叫就会消失。这就是已经说明过的"消除"这一程序。书店的宠物训练书籍中，常常提到的"绝对不要理会狗的吠叫！"，正是这一道理。但是常常，狗会灵活运用各种声音，让饲主动情从而达到其目的。更何况适合进行消除的环境中，有时突然间狗会发出高频率的要求性吠叫。这被称为"消除突然爆发"。这个词虽然鲜有耳闻，但这种现象却常常会发生在我们身边。

打个比方，假设有一个人每天和你邮件交流甚繁，并总会在第一时间回复。突然某一天，长时间得不到回复的你，会做些什么呢？或许是直接放弃邮件交流；或许是为了得到回复，做出种种努力。

"消除突然爆发"很少被载入宠物训练书籍中，但在行为分析学中，这种在进化论角度上合乎目的动物特性十分有名。狗在寻找各种各样的可能性。

狗的训练通常在家中进行。饲主有义务整顿环境。突然间爆发的狗吠声可能会传到室外，隔声性能较好的建筑则可很好的预防。

12　知晓周日的狗 案例研究4

实地考察中，"散步时间和次数"和"家中无人时间"这两项，作为访谈的课题我们得到了很多回答，其结果用一星期行动表在表11中展示。其目的在于，探寻"饲主的行为"与"狗的问题行为"之间的关联性。

K先生的家庭构成包括作为家庭主妇的夫人和名叫艾利拉布拉多的猎犬（7岁♀）。早上的散步时间，是星期二到星期六的早上7点左右出发，在家前面的河滨散步1小时左右。傍晚的散步是其夫人的任务。

和K先生的谈话是在表11中星期一的●所在的时间。K先生只在星期一时上班时间较早，没有时间早上和狗散步。但是，艾利却似乎十分想在早上7点这个时间出门散步。尽管如此，K先生在星期日早上想要带其出门散步，但其却想睡懒觉。

狗是否有时间概念呢？或者说它们是否有星期的意识呢？对此的回答只能是"也许它们会知道吧"。

非常令K先生困扰的是，明知星期一早上7点不得不尽早上班，艾利却想要散步，甚至紧咬裤管不松口。作为对策，在走廊设置栅栏，或者设计一个直接出门的"步入式衣帽间"。

K先生就接受了很多像这样建筑上的想法。

这种情况的道理十分简单：是因为上班的缘故。艾利其实并不知晓星期日，它只是感受到了早上人动作的微妙不同。但K先生认为不是这样。因为K先生是个体经营户，星期六与其他工作日无异，星期日只用上午去办公室。中午回家后会和艾利出门散步。那么问题来了，如果说连续一周K先生在早上的动作没有改变，那么为什么艾利只在星期日早上不想出门散步呢？所以K先生坚信艾利一定知晓星期日。略加思考，我仿佛察觉到了什么，便问：

"午饭一直都是夫人亲手制作的便当么？"

一周行动表（兵库县/K氏家）　表11

阴影部分表示的是家中有人的时间。星标是散步时间。空白是家中无人时间。

星期 \ 时间	0	6	12	18	24
周一		●		☆	
周二		☆			
周三		☆		☆	
周四		☆			
周五		☆		☆	
周六		☆			
周日			☆		

13　"与宠物共生的住宅"的设计

案例研究 1～4 中，展示了各种与狗的共同生活的具体场景，可得到如下结论：

· 案例研究 1

在很多住宅中，对于像对讲机这种，会成为刺激发生源的设备，是可以做出调整的。与其考虑如何纠正狗的行为，改变环境往往会更加简单。住宅环境不仅容易改变问题行为的表现频率，操作层面上也十分可行。

· 案例研究 2

对于玄关这种特殊的区域，饲主很有必要重新考虑其功能和定义。在日常的种种行为中，若存在无益于与人共居的强化物，饲主就要制造出避免这种行为表现的空间。

· 案例研究 3

狗的训练不在家中进行则收效甚微。用消除程序纠正狗的要求性吠叫，决不可半途而废。因此在人口密集的地区，有必要使住宅隔声。

· 案例研究 4

对症疗法式的、建筑层面上的解决方案是不可行的。仔细考虑三相相倚的话，行为的诱因即可得出。这个案例，唯独星期日家中不制作便当，狗所期待的散步辨别性刺激，恐怕就是制作便当这一场面吧。只要知道了这一点，之后的控制就可行了。在玄关或走廊中设置围栏或栅栏，这往往就是体现了饲主放弃寻找狗行为理由的做法。

用前面这种方式，将本章中论述的"与狗共居的生活模式"概括如下：

"评价与狗共居的生活，要观察饲主的动作和狗的行为，因环境而采取行动恰当性如何。"

但是，这种评价的前提是，狗既作为伴侣动物，人与之共居则必须要采取相称的态度。在训练上，就一定要使用"正向的强化相倚"，凭借惩罚进行训练是需要极力回避的。

在设计与宠物共生的住宅时，设计者要保有两种态度。

第一，面对那些具有正确的知识（或者是丰富的饲养经验）基础的，对自己的行为具有自觉性的饲主，在之后设计的住宅中，营造无拘束的、正确的行为可以表现的空间时，需要再三慎重考虑。这种情况下，要和饲主深入交流。不负众望，而又十分周到的设计，对住宅来讲是可喜可贺之事。

第二，面对希望用装修或新建来改变环境，从而清除问题行为的顾客，究竟该何去何从。遗憾的是，如今仅靠建筑单体是无法发挥如此大效果的。但是，三相相倚的方向是可以改变的。因此设计者的工作，在于提供一个易于操纵行为，以及易于训练的空间。

此外，在饲养环境明显较差的情况，欲将其正常化、合理化，将现在发现的问题行为减少是完全可能的。这就是所谓的"提高环境丰富性"的考虑方式。

在为本书撰稿的2013年，关于猫的完全室内饲养有准确可行诀窍的人，全世界也极为罕有。着手解决过这个问题的设计者，一定在某种程度上已经取得了一些成果。原因很简单，比起什么都不做，多少做些努力总是好的。若不顾及种种误解来讲，对猫而言，只要家中没有大到会有场所不能巡视到，那么它们就是生活在极度无聊的环境之中。但是，说到如何为猫准备符合其身体能力的空间，室内饲养完全无法和室外饲养相比。

在欧美国家，关于猫的环境满足感的话题热度不断升高，其中，有人为了一只叫做"catio"的猫整顿了室外空间，并希望从中得出答案。我们没有采取这样的方式，终究只是对于室内空间，像第一章或第三章中介绍的一样，为饲主和猫做出各种设计罢了。在其背景中，往往会存在着"正向的强化相倚"。

最后，是我定义的家中操作反应一览表（表12）。使这个表赋有逻辑性的设计，不仅仅是为了宠物，更是为了饲主的幸福而制作的。同时，也给此后的与宠物共生的住宅样式以启示。

家中的操作反应一览　　　　　　　　　　　　　　　　表12

	高兴的事		讨厌的事	
	有	消失	有	消失
希望的行为持续表现	◎	×	×	—
不希望的行为消失	×	○	△	—
原本的自由行为保持不变	—	—	—	—

后记

接受美国报纸《纽约时报》的采访,是撰写此书的契机。那是 2010 年的夏天。我和记者索尼娅用电子邮件进行了两个星期的意见交换,在最终完成的报导 "It's Their House, Too" 中刊载了大量照片,其中不乏与宠物共居洋溢着笑脸的人们。虽说自己的作品首次得到海外媒体介绍之事可喜可贺,但其讲解中却包含着一些误解的因素。例如在家中设计使用狗厕所的目的,就被曲解为"这样做可以不用带狗外出散步"。况且饲主明明非常喜欢和狗出去散步。这之后,在其他出版物中,索尼娅将我的工作制成专集,这个误解才被解开,但从习惯角度来讲,狗在家中排泄一事,日本虽不少见,但在美国却是鲜有发生。如此与宠物共同生活中的一些习惯大相径庭,在国内被认为是理所当然之事,却很难在国外得到正确理解,这不禁让人感到痛苦万分。

日本与其他国家的居住方式,在与宠物一起生活上,具体都有哪些不同呢?话说回来,日本的居住方式是否适合与宠物共居呢?当今,日本人又是怎样和宠物共居在同一屋檐下的呢?从 10 年前我便抱有诸如此类的疑问,并为了寻找答案进行了一系列的实地考察与创作活动。自《The New York Times》一事起,我便清楚地认识到:即使是理所当然的、微乎其微的小事,对于其调查和考虑也必须正确地在书中写下。至此唯独有一点挂念——对于"家人与宠物"的论述并没有写在书中,这不仅是之后的课题之一,也是我未完成的工作。

我在设计的闲暇时间撰写此书,在完全无法归纳、日暮途穷之时,在不久之后一起工作的松田安代(撰写了第 2 章的结构和文章)与和泉纯子(绘制了第 3 章的设计图)的共同帮助下,原稿才得以完成。另对给予严厉批评和文字检查的友人服部氏表达衷心感谢。此外,如果没有从事动物行为学研究的妻子的帮助,为这本书绞尽脑汁 10 年的我,肯定无法完成。真的非常感谢。

出书之前,一直受到丸善出版社渡边康治氏的各种照顾。在此深表谢意。

广濑 庆二
2013 年秋